中国古代建筑知识普及与传承系列丛书
CHINESE VERNACULAR HOUSE

中国民居五书

浙江民居

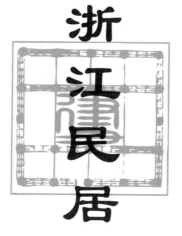

李秋香
罗德胤
陈志华
楼庆西

著

清华大学出版社

北京

图书在版编目（CIP）数据

浙江民居 / 李秋香等著. —北京：清华大学出版社，2010.5（2017.11重印）
（中国古代建筑知识普及与传承系列丛书. 中国民居五书）
ISBN 978-7-302-22305-4

Ⅰ.①浙… Ⅱ.①李… Ⅲ.①民居－建筑艺术－浙江省 Ⅳ.① TU241.5 ② K928.79

中国版本图书馆CIP数据核字（2010）第041999号

责任编辑：徐　颖　丁睿姝
装帧设计：格锐联合HAVEST
责任校对：王凤芝
责任印制：杨　艳

出版发行：清华大学出版社
　　　　　网　　址：http://www.tup.com.cn, http://www.wqbook.com
　　　　　地　　址：北京清华大学学研大厦A座　　邮　　编：100084
　　　　　社 总 机：010-62770175　　　　　　　邮　　购：010-62786544
　　　　　投稿与读者服务：010-62776969, c-service@tup.tsinghua.edu.cn
　　　　　质量反馈：010-62772015, zhiliang@tup.tsinghua.edu.cn
印 装 者：三河市铭诚印务有限公司
经　　销：全国新华书店
开　　本：170mm×230mm　　印　　张：20　　　字　　数：289千字
版　　次：2010年5月第1版　　印　　次：2017年11月第6次印刷
印　　数：19501～21000
定　　价：99.00元

产品编号：036577-04

献给关注中国古代建筑文化的人们

策划：华润雪花啤酒（中国）有限公司　清华大学建筑学院

统筹：王群　朱文一

主持：王贵祥　王向东

执行：清华大学建筑学院

资助：华润雪花啤酒（中国）有限公司

参赞（按姓氏笔画排名）：

卜大芃　方晓风　毛葛　王川　王雅洁　王静
邓为　韦凯琳　丘健　司玲　刘旭　刘畅
刘晓梅　刘晨　孙娜　孙栋　孙菁芬　成砚
朱勋　朱轶人　闫东　何天友　何培基　张力智
张远堂　张雪梅　张琳　张葵　张旗　李冰
李念　李新钰　杨一诚　杨哲怡　邹革　陈仲恺
陈彤　陈迟　周实　周榕　尚晋　房木生
林永煌　欧阳烨恬　姜冰　赵亮　赵雯雯　徐鸿全
秦达闻　莫军　郭雪　阎克愚　彭伟洲　葛志红
董晓颐　廖慧农　熊星　潘彤　潘高峰　霍光

总序一

2008年年初，我们总算和清华大学完成了谈判，召开了一个小小的新闻发布会。面对一脸茫然的记者和不着边际的提问，我心里想，和清华大学的这项合作，真是很有必要。

在"大国"、"崛起"甚嚣尘上的背后，中国人不乏智慧、不乏决心、不乏激情，甚至不乏财力。但关键的是，我们缺少一点"独立性"，不论是我们的"产品"，还是我们的"思想"。没有"独立性"，就不会有"独特性"；没有"独特性"，连"识别"都无法建立。

我们最独特的东西，就是自己的文化了。学术界有一句话："建筑是一个民族文化的结晶。"梁思成先生说得稍客气一些："雄峙已数百年的古建筑，充沛艺术趣味的街市，为一民族文化之显著表现者。"当然我是在"断章取义"，把逗号改成了句号。这句话的结尾是："亦常在'改善'的旗帜之下完全牺牲。"

我们的初衷，是想为中国古建筑知识的普及做一点事情。通过专家给大众写书的方式，使中国古建筑知识得以普及和传承。当我们开始行动时，由我们自己的无知产生了两个惊奇：一是在这片天地里，有这么多的前辈和新秀在努力和富有成果地工作着；二是这个领域的研究经费是如此的窘迫，令我们瞠目结舌。

希望"中国古代建筑知识普及与传承系列丛书"的出版，能为中国古建筑知识的普及贡献一点力量；能让从事中国古建筑研究的前辈、新秀们的研究成果得到更多的宣扬；能为读者了解和认识中国古建筑提供一点工具；能为我们的"独立性"添砖加瓦。

王　群

华润雪花啤酒（中国）有限公司 总经理

2009年1月1日于北京

· 总序二 ·

　　2008年的一天，王贵祥教授告知有一项大合作正在谈判之中。华润雪花啤酒（中国）有限公司准备资助清华开展中国建筑研究与普及，资助总经费达1000万元之巨！这对于像中国传统建筑研究这样的纯理论领域而言，无异于天文数字。身为院长的我不敢怠慢，随即跟着王教授奔赴雪花总部，在公司的大会议室见到了王群总经理。他留给我的印象是慈眉善目，始终面带微笑。

　　从知道这项合作那天起，我就一直在琢磨一个问题：中国传统建筑还能与源自西方的啤酒产生关联？王总的微笑似乎给出了答案：建筑与啤酒之间似乎并无关联，但在雪花与清华联手之后，情况将会发生改变，中国传统建筑研究领域将会带有雪花啤酒深深的印记。

　　其后不久，签约仪式在清华大学隆重举行，我有机会再次见到王总。有一个场景令我记忆至今，王总在象征合作的揭幕牌上按下印章后，发现印上的墨色较浅，当即遗憾地一声叹息。我刹那间感悟到王总的性格。这是一位做事一丝不苟、追求完美的人。

　　对自己有严格要求的人，代表的是一个锐意进取的企业。这样一个企业，必然对合作者有同样严格的要求。而他的合作者也是这样的一个集体。清华大学建筑学院建筑历史研究所，这个不大的集体，其背后的积累却可以一直追溯到80年前，在爱国志士朱启钤先生资助下创办的"中国营造学社"。60年前，梁思成先生把这份事业带到清华，第一次系统地写出了中国人自己的建筑史。而今天，在王贵祥教授和他的年长或年轻的同事们，以及整个建筑史界的同仁们的辛勤耕耘下，中国传统建筑研究领域硕果累累。又一股强大的力量！强强联合一定能出精品！

　　王群总经理与王贵祥教授，企业家与建筑家十指紧扣，成就了一次企业与文化的成功联姻，一次企业与教育的无间合作。今天这次联手，一定能开创中国传统建筑研究与普及的新局面！

朱文一

清华大学建筑学院　院长

2009年1月22日凌晨于清华园

·丛书序·

　　乡土民居的研究，是乡土建筑研究的基础。刘敦桢先生开拓了我国的民居研究领域之后，后继的人陆续不断，成就不小。现在要开出一个比较完备的目录来，已经是个十分困难的大事了。

　　可惜，多少年来，我们没有一个稳定的、有足够规模的专门研究机构，来坚持不断地、系统地从事这件十分有学术价值的工作。只有一位陆元鼎先生，克服困难，花大力气持久地推动全国性的民居研究工作。

　　"建筑是石头的史书"，这是西方人在19世纪说的。我们中国人，就要说，"建筑是木头的史书"了。或者，简单地说，"建筑是一部重要的史书"，不论是石头的还是木头的。中国的历史著作大多很片面，因此显得很单薄。宋代的王安石就说过，《春秋》无非是些"断烂朝报"而已（《宋史·列传第八十六·王安石传》）。近代的梁启超说："中国的正史是专为帝王作家谱。""从来作史者，皆为朝廷上之君臣而作。"（《梁启超文集·中国之旧史》）建筑写就的史书却是客观的，很忠实地承载着各个时代人们的生活，因此阅读建筑这本史书，对我们了解真实的历史大有帮助。

　　住宅是最基本的建筑类型。它们遍布各地，凡有人烟处便有住宅。人们生活在千差万别的自然环境与历史文化环境之中，于是，住宅便要适应千差万别的自然条件、社会状况和文化传统。适应了它们，便反映了它们。自然条件、社会状况和文化传统是通过人，也就是通过人的建造和人的使用来传达给住宅的。这种传达不是个体的人一次性完成的，而是一代又一代生活在一定环境中的人类群体，历经漫长的岁月，一步一步传达过去的。在每一步的演变中，不但自然条件、社会状况和文化传统在变异，而且先前存在的住宅又限制和塑造着人们对住宅的建造理念和使用方式。这是一个没有尽头的相互磨合的过程。因此，可以把住宅当做生活发展的镜子看待。它们不仅仅是一种单纯的实用之物。生活是变化又创造着的，住宅也是变化又创造着的。

一般住宅，尤其是乡土住宅，远不如宗祠和庙宇那样规模宏大、装饰华丽、工艺精湛。住宅的个体虽然简单，但它的研究远比宗祠、庙宇要复杂得多、困难得多。

住宅研究的困难更因为它的分布之广而增加。自然条件、社会状况和文化传统因地而异，住宅对这些条件、状况的反应远比宗祠和庙宇的反应要灵敏得多。宗祠和庙宇的地方差异不及住宅那么大。简单来说，在很辽阔的范围里，庙宇、宗祠的结构方法都是木质梁架或穿斗式的，墙坯都是砖的或生土的，空间格局也大体有一定的模式。而住宅，除了占大多数的木构、院落式的以外，因不同地区的自然、信仰、生活习俗、历史、群体心理、经济水平等的不同，还有窑洞、草棚、帐篷、竹楼等等，甚至还有以船舶为宅的。即使合院式住宅，也有许多或显著或细微的变化。何况，还有土楼、围屋之类的大型集团性住宅。又例如，从社会文化角度看，对比皖南民居和闽东民居，就必须从两地的历史和民俗下手。前者是徽商保护财富的堡垒和禁锢妇女的监狱，后者是参加生产劳动的有独立人格的妇女的家。

住宅又是农村各类公共建筑的原型。无论寺庙、宫观，还是宗祠、书院，它们基本的建筑空间格局、结构方式和装饰大都以住宅为蓝本。深入地了解乡土住宅，是做好乡土建筑整体研究的基础。

研究立足于调查，调查是研究的出发点。起始阶段的调查，还不足以支持深入的研究，因此调查的结果会遭到一些袖手旁观者或"摘桃派"的讥讽，被称为"资料学派"。但资料积累到足够的程度之后，才可以进行深入的研究。可是，单靠目前这种散兵游勇式的学术调研，想要达到这个目标就太困难了。

我们期待着一个专业的乡土建筑研究机构的设立。我们相信，在经济建设的高潮来到之后，一定会有一个文化建设的高潮。怕的是磨磨蹭蹭，到了那一天，保存下来的乡土建筑已所剩无几。所以，目前要做的，除了坚持调查之外，就是投身于乡土建筑的保护了。

眼前将要出版的这套书，所收录的各篇文章的作者有七老八十的，也有青春焕发的，这是好现象。我们特别要感谢那些在几十年前，挽起裤腿，撑起纸伞，提一包干粮，在崎岖的山道上辛苦跋涉去调查乡土民居的老人们。向毕生从事民居研究，并且不辞辛苦，主动挑起重担，年年组织全国性民居研讨会的老师致敬！祝他们幸福！

陈志华

清华大学建筑学院建筑历史与建筑文物保护研究所 教授
2010年3月

导读

不可否认，中国的城市化运动堪称人类历史的一大壮举。

在过去的30年中，我们已经把将近4亿的农村人口转变为城镇人口。[①]这一速度，相当于"每年制造两个波士顿城"[②]，并且这一进程预计将持续到2020年——那时候我们的城镇化水平将达到60%。

城市化带来了生活的巨变。普通人眼中最直观的现象，无疑是那些被称为"钢筋混凝土丛林"的多层与高层楼房。表面上看，市场经济为我们提供了众多的选择。正如哲学家罗素说："参差多样，本是幸福之源。"和父辈们相比，我们在住房的选择上确实"幸福"多了。地段、外观、楼层、户型，甚至室内所有的陈设和家具，每一项都可随意挑选，只要荷包里（包括未来）的钱足够。

---

① 根据国家统计局官方网站在2009年9月17日公布的《新中国60周年系列报告之十：城市社会经济发展日新月异》：1978年我国城镇人口（居住在城镇地区半年及以上的人口）为17 245万人，城市化率17.92%；2008年年底城镇人口为60 667万人，城市化率45.68%。30年里新增的43 422万城镇人口，包括城镇本身增加的人口和来自农村的人口。由于城镇实行较为严格的计划生育政策，所以新增的城镇人口大部分来自农村。

② 引自：《中国城市化的危机》，文章来源于中国选举与治理网，http://www.chinaelections.org/newsinfo. asp?newsid=101321。波士顿的市区人口约600万。

实际情况呢？城市的趋同化似乎已难以逆转。如果只看近年新建成的某些楼群，你很可能分不清一个南方城市和一个北方城市有何显著差别，也看不出一个东部城市和一个西部城市有何明显两样。千城一面的局面，已经让城市规划的专业人士们忧心忡忡。还有更令人不安的，那就是几年前开始的"新农村建设"浪潮，似乎又要把城市的趋同之风刮向农村。村民别墅排列得整整齐齐的江苏华西村，已被奉为新农村建设的国字号楷模；被称为"京郊新农村建设模范"的平谷区挂甲峪村，一共新建了71栋别墅，全部一模一样。住在这样一个村子里的农民朋友们，在回家时想必要先认准了门牌号。

不少有志气的建筑师，已经在用自己的智慧与城市的趋同化之风做抗争。他们不愿意看到全国的城市都长一个样，也不愿意看到全国的农村都长一个样。尽管抗争的结果现在还难以预料，抗争的手段却值得我们关注。智慧之花不会凭空绽放，它总离不开枝枝蔓蔓。除了自己开动脑筋之外，建筑师们恐怕还得多从历史和传统中搜寻启发与灵感。当他们把目光投向存在于历史并且保留至今的乡土建筑时，就不得不发出这样的感叹：这些从来都不用费心去和所谓趋同性做抗争的"无名建筑"，才真正是文化多样性的体现。

乡土建筑随自然条件、社会状况和文化传统的不同而发生变化。在各类乡土建筑中，住宅对这些情况的反应又是最灵敏的，因为它与生活的关系最为密切。[①]

相信绝大多数国人都可以随口说出小学课本对我们伟大祖国的描述：历史悠久，地大物博，人口众多。这些年，伴随着经济发展而出现的资源紧张，不少人开始反思"地大物博"的说法——再大的地，再博的物，让众多人口一平均，也就少得可怜了呀。然而，就乡土住宅这个学科领域而言，地大物博的说法依旧是成立的。我们可以和欧洲做一个简单对比：中国疆域之大，几乎相当于整个欧洲；而中国大部分地区属于大陆季风性气候，其干湿变化和温度变化相比于欧洲国家的海洋性气候，要更为剧烈。这就意味着，在中国，人们要应付比在欧洲更复杂多变的气候条件和生态环境。应付的手段，主要表现为两个层次：第一层是衣服，第二层是建筑（尤其是住宅）。这是我国乡土住宅之所以如此丰富多样的重要原因。

从游牧民族的毡房到农耕民族的合院，从坚固封闭的藏族碉房到轻巧开放的壮族麻栏②，从掘地六七米的黄土窑洞到耸起三五层的福建土楼，从炫耀财富的晋商大院到禁锢妇女的徽州天井……列举这些千差万别的乡土住宅，其建筑形式之多样性与历史信息之丰富性，不得不令人惊叹。

如此厚重的文化遗产，当然值得珍惜。然而，我们现在所面临的，恰恰是乡土住宅的迅速消失。我们追赶现代化的步伐，一刻也未停歇，只有少数人意识到，应该救救那些优秀的遗产。它们不仅属于一个国家，还属于整个世界。它们不仅属于我们，还属于我们的后代。

在对遗产保护没有把握的前提下，我们至少能做到记录。这便是《中国民居五书》的一个宗旨。

《中国民居五书》，延续了"中国古代建筑普及与传承系列丛书"的策划思想——每年围绕一个主题来组织和撰写书稿。这套丛书起步伊始，即2008年，选择以北京为主题。这是综合考虑了北京的首都地位、奥运会的举办、撰写者③对所在城市的熟悉度等因素之后做出的决策。作为中国封建王朝最后700余年的首都，北京拥有最具代表意义的几处文化遗产，如故宫、天坛、颐和园和长城④，还拥有体现整体历史城市的大量传统四合院。在过去的几十年，关于北京这几处文化遗产和北京四合院的书籍已经出版了不少，但它们大都是各自为战，并未以系列丛书的方式呈现。

"中国古代建筑普及与传承系列丛书"选择故宫、天坛、颐和园和北京四

---

① 陈志华、李秋香：《住宅》（上），北京，生活·读书·新知三联书店，2007。文字略有修改。
② 广西壮族的干栏住宅，在当地方言中称做"麻栏"。
③ 以清华大学建筑学院的教师为主。
④ 根据北京市文物局于2009年6月发布的信息，明长城北京段长度为526.7公里。相比于8 850余公里的总长，北京段长城只是其中的一小段。这是《北京古建筑五书》里未包括长城的原因之一。

合院作为其开山之作①，确实反映出策划者的智慧。建筑是思想文化的结晶，是生活劳作的体现。然而，作为建筑学的专业人士，我们在耕耘自己的"一亩三分地"时却常常忘记了建筑的最初意义。为什么初到北京的旅游者，一定要去参观故宫、天坛、颐和园和长城？因为它们最美、最壮观，更因为它们是皇帝为起居工作、祭祀上天、娱乐游赏和防御外敌而修建的工程（图0-1～图0-4）。贵为天子的中国皇帝，无论其领土有多宽广，无论其身份有多尊贵，在基本生活要素上和我们普通人其实并无本质上的差别。对于每一位现代人而言，工作、休息和娱乐是永恒的三大主题，而祭祀礼拜活动在世界上很多地方，甚至在那些科技最先进、经济最发达的国际大都会，也依然存在。在现代社会，与安全防御有关的建筑、工程和设施和过去相比，只怕是更为复杂多样，而非简化。从工作、休息、娱乐、安全和信仰这几个基本生活要素搭起的共同平台出发，我们可以更好地将平凡与辉煌作对比，可以更深刻地领会帝王与俗世之差别。也只有把故宫、天坛、颐和园和长城这几处文化遗产作为一个完整有机的文化谱系②并列起来看，我们才能更全面地理解北京在中国历史上的地位。

在《北京古建筑五书》完成后，丛书策划者选择乡土住宅（民居）作为第二年的主题。这是出于两方面的考虑。

第一，清华大学建筑学院的乡土建筑研究小组（以下简称清华乡土组）在乡土建筑和乡土聚落的测绘、调查和研究上已经积累了丰富的经验，形成了丰硕的成果。陈志华、楼庆西、李秋香三位老师率领的这支团队，先后吸引了包括我本人在内的200余名建筑学本科生和研究生加入。他们在过去20年里调查了13个省份内不同类型的100余个村镇，用建筑测绘和实地采访的方式收集了大量一手资料，完成

---

① 除了这四处文化遗产地之外，《北京古建筑五书》的第五书是《北京古建筑地图》。
② 位于北京郊区昌平的明十三陵，是皇帝"死后的住所"，也应该在这个谱系中占得一席之地。十三陵于2003年列入世界文化遗产，也是北京重要的旅游景点之一。北京附近还有两处清代皇帝的陵墓，分别是河北遵化的清东陵和河北易县的清西陵，它们于2000年列入世界文化遗产。

（图0-1~图0-4） 故宫【左上】、天坛【左下】、颐和园【右上】和长城【右下】是皇帝为起居理政、祭祀上天、娱乐游赏和防御外敌而修建的工程

建筑测绘图纸3000余张，同时出版了40余部关于乡土聚落的研究报告，成为建筑界和文化界知名的一个品牌。"让优秀的学者写优秀的建筑学普及读物"，是丛书策划者从一开始就提出的主张，也是丛书具体组织者和撰写者追求的目标。

第二，丛书策划者在与清华大学建筑学院教师们反复沟通的过程中已经了解到，大多数乡土建筑所面临的危机，其严重程度远远超过了故宫、天坛、颐和园和长城这些已经受到举世关注的文化遗产。如果能在最短的时间内让最大多数的读者认识到乡土建筑文化遗产的价值，对于乡土建筑的保护工作无疑是极为有利的。所以，丛书策划者毅然决然，把其他正在进行中的主题，甚至工作进度更快的主题，排在了第三年或更后，而将乡土住宅放到了眼前。

和《北京古建筑五书》一样，《中国民居五书》也以文化谱系的完整性和代表性为目标。然而，以中国幅员之辽阔和乡土建筑之多样，要用五本书的篇幅和一年多的时间来完成这一壮举，显然是不可能的。为此，我们希望通过两个措施来尽量接近目标。

第一个措施是以清华乡土组的历史工作为基础，分地区整理以往的考察资料和测绘图纸。清华乡土组的研究点分布在13个省份，其中又以浙江、福建和山西三省较多，河北、河南、陕西、山东、四川、江西、安徽、广东、广西、云南等省份也各有一到两个研究点。很明显，未经"排布"研究点的省份是更多的，尤其是在华中和少数民族聚居地较多的东北、西北和西南地区，以及港澳台地区。即使在研究点分布较多的浙江、福建和山西省，由于其境内地理环境和文化背景存在较大差异，我们的研究工作也远不能算作充分。

第二个措施是邀请其他优秀学者加入我们的写作团队。针对清华乡土组研究较少或缺乏研究的地区，我们特别邀请了几位在民居和乡土建筑领域卓有贡献的学者，比如贵州省文物局的吴正光老师、西南交通大学乡土建筑研究所的陈颖老师、华中科技大学建筑学院的赵逵老师和江西省新建县汪山土库负责人叶人齐先生。

我们并无野心在《中国民居五书》里涵盖所有省份，只求在力所能及的范围内最大程度地为读者呈现具有代表性和多样性的乡土住宅。

本书是《中国民居五书》的第二册，讲的是浙江境内5个地点的乡土住宅。浙江，可以说是清华乡土组的"大本营"。清华乡土组最早期的3个研究点——新叶村、诸葛村和楠溪江中游村落，全都在浙江。20年来清华乡土组一共进行了30个乡土聚落或聚落群的考察与测绘，其中11个是在浙江境内，超过1/3强。

为什么清华乡土组的老师们对浙江"青睐有加"？曾有言论说，这是因为浙江省富裕，政府可以为研究者提供充足的考察经费。事实果真如此吗？就这个问题，我曾讨教过陈志华先生，得到的答案是这样的：

首先，浙江省的经济发达不假，而且相比于国内其他大多数省份，浙江各级政府在文化遗产研究和保护上的投入也是比较早、比较多的。但是，这一现象主要发生在1990年代末期之后。在1990年代初期，也就是清华乡土组的师生们在调查新叶村、诸葛村和楠溪江中游村落之际，政府部门对文化遗产的认识，尤其是对乡土建筑遗产价值的认识，还是相当缺乏的。有的政府官员不仅没意识到自己家乡有这么美好的文化遗产，还曾经千方百计地阻挠清华大学的师生们做现场测绘和调研工作[①]。

清华乡土组在新叶村做调查的经费，实际上出自建德市风景旅游局叶同宽老师的腰包，随后在诸葛村和楠溪江，又得到了台湾《汉声》杂志社的援助。可以说，在开展乡土建筑研究的初期阶段，清华乡土组从当地官方得到的支持极为有限。

其次，从1990年代末期开始，乡土建筑遗产的价值逐渐得到政府部门和社会各界的公认，但现实操作中"重保护规划、轻基础研究"的现象却十分普遍。分析其中的原因，大概在两个方面。第一，国家文物局、建设部以及地方各级政府相关部门用于乡土建筑保护的专项资金，大都以制定保护规划为前提。第二，这些保护规划，经常是和旅游开发规划 "综合"在一起的，而近年来某些乡土聚落旅游业的"火爆"场面，也引导甚至增强了人们关于乡土建筑"自我造血机制"的印象。以经济杠杆来推进文化遗产保护的规范性，并调动地方政府对文化遗产保护事业的积极性，本是一件好事，无可厚非。但我们不可忽视的是，现行做法也在客观上产生了一些消极作用。比如，以保护为主体，而不是以旅游开发为主体的保护规划，不是被束之高阁，就是被篡改之后再予以执行，因为此类规划在经济上被视为"不划算"。又比如，原本就缺乏资金的基础研究工作，并没有在政府对文化遗产保护的财政支出中分得应有的份额——尽管研究经费也有增加，但与政府在保护规划上的投入相比，差距甚大，这实际上导致了基础研究人才的流失，或者是基础研究人才在时间、精力上的流失。

总的说来，乡土建筑的基础研究工作是至今仍未受到足够重视的，即便是在经济条件和保护意识都处于全国领先地位的浙江省。

清华乡土组之所以长期执著于浙江，固然存在某些偶然因素（比如恰巧遇到了热心肠的叶同宽老师），也不乏经费上的考虑，但最重要、最根本的原因，还是浙江的乡土建筑遗产实在丰富。这些遗产不仅数量庞大，而且种类多样，即使经历了"文化大革命"以来若干轮的"高强度破坏"之后，依然堪称我国乡土

---

① 陈志华：《北窗杂记二集》，40页，南昌，江西教育出版社，2009。张捷：《陈志华们的乡土建筑保卫战》，载《南方周末》，2003-01-09。

建筑的一大宝库。在考古界和文物界,素来有"地上文物看山西,地下文物看陕西"的说法。如今,当我们把文物的概念拓展到文化遗产,并且在浙江发现如此丰厚的乡土建筑遗产时,就不得不重新思考我国文化遗产的版图分布。浙江,哪怕是只从乡土建筑的角度来考虑,都理应跻身文化遗产大省之列。

其实,浙江作为文化遗产大省的地位,和她在中国历史中扮演的角色是相称的。这一点,只要对中国历史稍加回顾就不难理解。中唐以来,江南地区就逐渐成为中国的经济中心和文化中心。宋室南渡之后,朝廷迁至临安(今浙江省会杭州),大批士族随之南下,更使江浙一带成为人文荟萃之地。正如朱熹所言:"靖康之难,中原涂炭;衣冠人物,萃于东南。"①浙江长达一千余年的繁盛期里,不管是在城市,还是在乡村,都不乏坚实的经济基础做后盾,又有高级人才参与甚至执掌规划和建设。在此背景下,浙江的乡土建筑岂能不美,岂能不好?

书中5篇文章,涉及5个地点的乡土住宅:永嘉县楠溪江中游村落、建德市新叶村、武义市俞源村、武义市郭洞村和江山市峡口镇(图0-5)。楠溪江是浙东的一条河流,自北向南,贯穿永嘉,汇入瓯江,流归东海。由于地理环境封闭,楠溪江流域形成了一个相对独立的生活圈和文化圈。这里的乡土建筑,在形制和风格上都不同于江南其他各地。"渗透在村落和房屋里的,是浓郁的耕读文化的书卷气和乡民们淳厚朴实的性格,以及青山绿水长年陶冶出来的对自然的亲和感。"②位于浙中的新叶村,建筑风格与楠溪江村落迥异,而与浙西及徽州地区相近,粉墙黛瓦,高壁窄院,表现出较强的封闭特点。俞源村和郭洞村,也都位于浙中地区,建筑风格大致说来和新叶村相差不远。不过,只要仔细比较,还是不难发现其间差异的。比如,俞源村多经商致富之人,他们的商业观念对宗法制度产生了不小的侵蚀作用,以至于"富商们的大宅的规模几乎超过宗祠,显得浮夸,大木作和小木作都很华丽"③。坐落于浙西仙霞岭北麓的峡口镇,是仙霞古道④上的一个重要结点,这里的住宅也表现出较强的商业特征,比如有的商人大宅占地面积超过了祠堂,而有的临街住宅面宽只有10米左右,进深却达到30~40米。

上述5个研究点中,笔者对郭洞村的印象最为深刻,感情也最为特殊。这是因

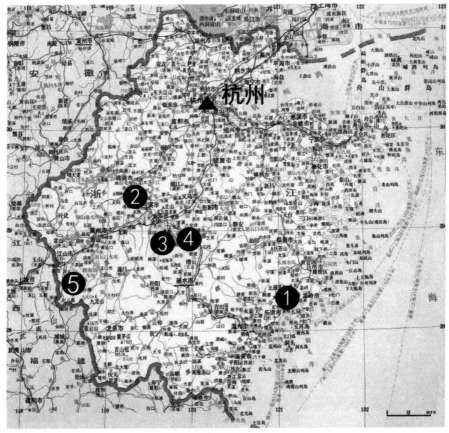

（图0-5） 本书5个研究点的地理位置：
1. 永嘉县楠溪江中游村落 2. 建德市新叶村 3. 武义市俞源村 4. 武义市郭洞村 5. 江山市峡口镇

为，在12年前的春天，我曾经和另外4位毕业班同学一道，跟随楼庆西先生在郭洞村进行了为期15天的乡土建筑测绘和调研。15天里，我们沐浴着江南的旖旎春光，享受着郭洞的美丽风景。测绘工作的烦琐，一半被老乡们洋溢于脸上的热情

① 朱熹：《晦庵文集·卷八十三·跋吕仁甫诸公帖》，载《文渊阁四库全书（电子版）·集部·别集类·南宋建炎至德祐》，上海，上海人民出版社，香港，迪志文化出版有限公司，1999。
② 陈志华：《楠溪江中游古村落·序》，北京，生活·读书·新知三联书店，1999。
③ 陈志华：《俞源村》，北京，清华大学出版社，2007。
④ 关于仙霞古道，引自罗德胤：《仙霞古道》，上海，三联书店，2009。

所消解，一半被自己心中期待的成就感所涤荡。老同学霍光和房木生，在离开郭洞的前一天晚上合作完成了一幅书画作品。霍光在一张草图纸上画了两颗大笋和一尾鲤鱼，房木生题字："痛咬下山笋，脍炙上塘鱼。"寥寥十个字，可算是我们那段时间快乐心情的真实写照。何胜云老先生①去年来北京出差，特地抽时间来探望清华乡土组的几位老师，他告诉我们：这幅"竹笋鲤鱼图"，至今仍挂在当年我们几个男生住过的房间内，供所有参观郭洞村的游客们"瞻仰"。

郭洞村的工作结束之后，我们4个号称"乡土四少"的懵懂小伙，又结伴去探访了兰溪的诸葛村和徽州的几个古村落。这一路上，我们拟着打油诗，画着速写，指点江山，畅谈未来，过得是不亦快哉。从建德市的码头搭乘新安江小客轮去往安徽歙县时，我站在船头，迎着扑面而来的阵阵江风，暗自许下了心愿：此生若得从此业，足矣！

果然，6年之后，我实现了这一心愿。

罗德胤

2009年12月

---

① 郭洞村的退伍军人，积极倡导郭洞村民居保护，曾大力配合我们的现场工作。

目 录

楠溪江在浙江省东南部，是瓯江下游北侧的最后一条支流。它的干流，由北而南，曲曲折折流经145公里，从今温州市北岸注入瓯江。楠溪江东西两侧支流发达，干流和支流一起，像一棵平躺着的大树，流域面积达2 472平方公里。这是一个封闭的流域，独立的经济区，范围大致就是现在整个的永嘉县。虽然历史上县治屡经搬迁，辖境也多次调整，但楠溪江流域从唐代以来，始终是一个政区，所以它又形成了一个文化区，一个方言区。

① 本文作者：李秋香。

3

楠溪江建筑的风格平淡天然，就像它们的原木、蛮石一样淡然。正如庄子说的："朴素而天下莫能与之争美。"而楠溪江的建筑，也美得就像那纯朴的农民。楠溪江曾经孕育过谢灵运的诗。钟嵘《诗品》说："汤惠休曰，谢诗如芙蓉出水，颜诗如错采镂金。"楠溪江建筑的美，也是"芙蓉出水"的美，比之于有些地区，如皖南的"错采镂金"的建筑，它是一种境界更高的美。两者风格的差别，就是乡民性格与商贾性格的差别。

楠溪江大多数村落的布局以及它们的建筑物的形制和风格，是由最纯朴自然的民间建筑风格占绝对主导地位的。大多数建筑物是独立地保持着自己的形象和个性，尤其是住宅大多外向开敞，不设防、不拒人，因此造成了整个村落的宽畅爽快，亲切安逸，叫人感到乡亲们坦诚的胸怀。（图1-1）

兴造住宅，是最基本的建筑活动。在当地，住宅的数量，也远非任何一种其他建筑可比。住宅是决定楠溪江村落面貌的最重要因素之一。《黄帝宅经》说："宅者，人之本。人以宅为家，居若安，即家代昌吉，若不安，即门族衰微。"所以家家户户都重视住宅的营造。

虽然有祠堂、牌楼的巍峨，有戏台、庙宇的华丽，最有创造性的建筑，却还是住宅。它的形制比较多，形式也多变化，风格也跟祠堂、庙宇不同，它开敞而不封闭、亲切而不庄肃，它用蛮石素木顺其天然而不事雕琢。祠堂、庙宇的模式化程度比较高，跟其他各地的差不多，真正最有本乡本土特色而与他处不同的，是住宅。

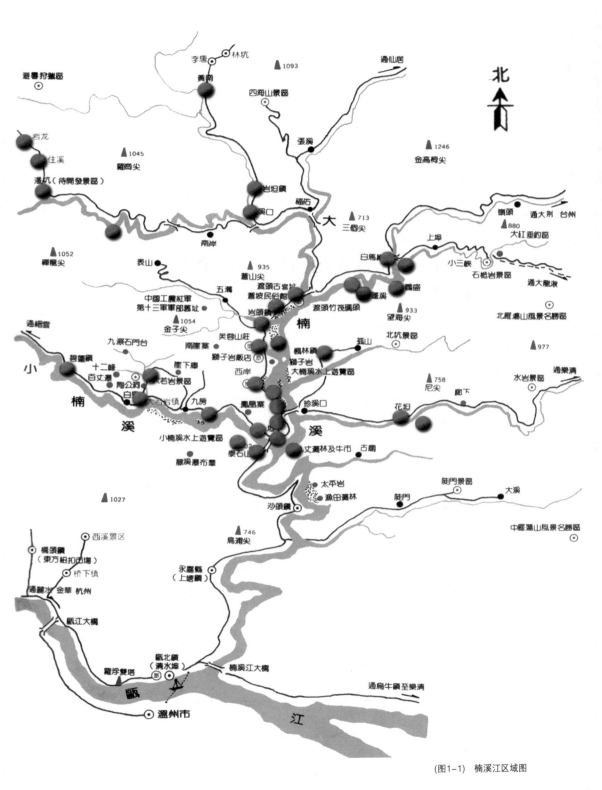

(图1-1) 楠溪江区域图

一·居住建筑发展的历史痕迹

按照惯例，宗谱不记载私家住宅情况。经过近40年来几度剧烈的社会变动，有关住宅的私人文件也片纸不留。现在各住宅的住户，尤其是大型住宅的，往往不是故家旧主，所以对住宅的过去知之甚少。要勾画楠溪江村落里住宅的演进历史是很困难的。

但不少村落里，都有一些古老的住宅，如花坛村马湾的几幢老宅，后院有一口井，井圈上刻着的"大宋宝庆二年丙戌"（1226）几个字，还隐约可辨。乡人都叫这几幢住宅为"宋宅"。这些住宅被乡人认为是宋代遗构，还有蓬溪村"状元街"东口南侧的"李时靖宅"和塘湾村"上马石"东北侧的"郑伯熊宅"①，等等。虽然现在并没有能确证它们是宋代建筑，但它们确实很古老，这是可以从梁架尺度和门槛的磨损程度上判断的。明代的住宅更多，一些古村里也有。一般说来，它们的规模比较大，三进两院的不少，而且工程质量也比较考究，阶条石有用4～5米长的大石条砌筑。院子中央的甬路也铺整齐的大条石。一直到清代

---

① 李时靖：宋咸淳乙丑（1265）进士。

郑伯熊：南宋理学家，绍兴进士。历官宗正少卿，以直龙图阁知宁国府卒，谥文肃。与弟伯英（隆兴进士）伯海（绍兴进士）以振起伊洛之学为任。

初年，不少村里还在建造些规模大、质量考究的大型住宅，如芙蓉村西北角的"司马第"，造于清康熙年间。再往后，住宅的规模小了，比较自由了，用料也随便多了，质量明显下降，反映出嘉靖年以后，永嘉县经济、文化的衰落。

■ 花坛村的"宋宅"

在马湾，一条小巷走向南北，在它的北端，有3幢古老的住宅。一幢在巷子西侧，长条形，单层，七开间，明间开间达8.3米。屋架大致是抬梁式与穿斗式的混合形式，很高大，前檐柱高6.4米，明柱高9米，脊柱高11.5米，进深11.2米。构件也很粗大，相似于常见的宗祠的梁架。全部露明。明间减去了两棵明柱和两棵檐柱，分别由两根粗大的枋子来支承本来应该由它们支承的两榀屋架，所以开间竟达到一般开间的两倍，内部空间很高旷。这幢房子四面都是板壁和木板装修。柱子之间有地栿，有上、中、下槛，它们之间钉木板。窗子多是直棂窗，两侧有立颊。柱础是木质的。（图1-2）

巷子东侧有两幢古宅，一幢是长条形的，五开间，另一幢是一座四合院，从它的形制和前面的遗迹看，它本来是一座三进两院的大宅子。现在的四合院，是它的后半部，前院的厢房还有几间残存，全毁的是它的门屋部分。它是两层的，正屋七开间，两厢三开间。梁架比巷西那一幢的小，而与晚近的相仿，进深倒也是11.2米。虽然是四合院，它的一圈外墙还是板壁和木装修，也是在柱子之间设地栿和上、中、下槛，开直棂窗，窗两侧有立颊。用木柱础。从梁架看，东侧的两幢大概比西侧的晚。

这三座房子都已经非常老旧，大约35厘米高的门槛，多少年来已经快被人们的双脚磨断。虽然目前还没有确定它们的年代，但可

（图1-2） 黄南乡林坑村居住建筑

以大致判定，它们是楠溪江中游最古老的住宅。如果从它们后院的那口井看，则这几幢古宅，至少初建于南宋，后来经过修缮或者改造。

蓬溪村的"李时靖宅"，也是一座古老的住宅。它正屋七间，总面积27米，两厢三间，宽9米。正屋进深9.5米，有前檐廊，深1.5米；两厢没有檐廊，进深8米。它前临蓬溪村的主街，现状没有院墙和门楼，院子直接向街敞开，二者之间隔一条引水渠。它四面全部是板壁和木装修，正屋明间前檐有三个双扇门，次间是直棂窗。两厢的前檐安拼板活扇，上面开窗洞，用直棂。柱子不高，下用木础，也有地栿。

这座房子的左侧是一条石板铺的极整齐的"状元街"。传说李时靖中了"状元"（按实为咸淳乙丑进士）之后，回乡造了这条街，还没有改建故居，就偕李姓族人全都迁走了。谢灵运的后裔从东皋来到蓬溪，买下了宗祠和这座住宅。

和花坛村的"宋宅"一样，它确实十分古老，风格很朴实，厚重得有点拙。

塘湾的"郑伯熊宅"在村中心的"上马石"东北，也就是原来的太平坊的东北。现在是一座四合院，但照遗迹推断，原来也是一座三进两院的大宅子。同样是正屋七间，厢房三间。正屋进深10.5米，两厢进深7米。正屋明间阔4.7米，次间阔3.3米。不过两厢的开间很窄，明间3米，次间2.7米。它也是四圈板壁，木装修，用直棂窗。

这几幢相传为宋代的住宅，都没有用砖。砖是明代以后才普遍使用的建筑材料。

■ **楠溪江中游村落**

楠溪江中游村落里，明代的住宅遗存还比较多，溪口、蓬溪、廊下、花坦、苍坡、周宅、珠岸等村子里都有。岩头村和芙蓉村有一些明代住宅的遗迹。

这些明代的住宅大多是三进两院的大型住宅。从它们判断，明代大约是楠溪江中游村落建设的高峰时期。住宅不但规模比较大，形制整齐，而且材料和施工质量都比较高。溪口村的一幢明代大宅，大门竟有五开间，明间有雕花的石鼓凳，阶条石长达4～5米，台阶的垂带也有精致的浮雕。院里铺块石，中央用条石铺甬路。据《明会典》，公侯以下至一品、二品官，第宅门屋都不过三开间。溪口村的这座大宅，大大逾越了规制。"天高皇帝远"，在这种远离京师、地方官力不能及的山区，朝廷规制的约束力是很弱的。（图1-3～图1-11）

蓬溪村中心有一座三进两院的明代住宅，总体还保存得比较好。[①]它占地总宽45～50米，总进深39米，面阔十三开间，左右还有小天井，形成"日月井"的格局，都有附加房间，全屋总间数不下50。大门前，是一个深7.5米，宽28米的广场，地面铺块石，中央部分用卵石镶成图案。第一进屋进深4.1米，后面的小院面积为5.2米×10.2米，整个是个水池，中央有一条甬路通过。正屋进深10.6米，有前后廊，后进进深8.3米，有前廊。它们之间又是一个水池，面积8米×12米，周

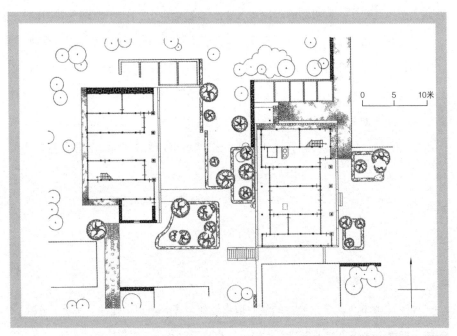

（图1-3）　芙蓉村北端甲乙二宅平面

---

① 据《蓬溪谢氏宗谱》保管人，新宗谱主撰人谢云汉先生说，此屋主人与章纶为表兄弟，章曾来游，居此屋。章为乐清人，正统进士，景泰初为仪制郎中，英宗时为礼部右侍郎，调南京，不得迁，卒谥恭毅。

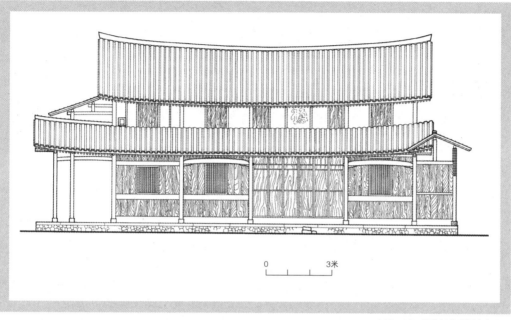

（图1-4） 芙蓉村北端甲宅东立面

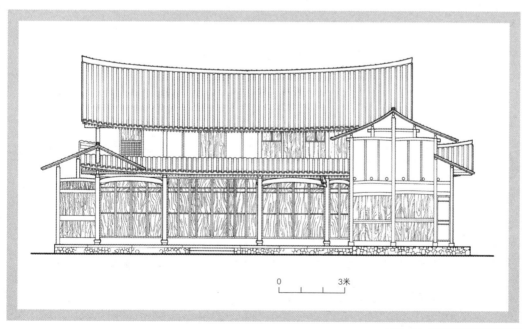

（图1-5） 芙蓉村北端甲宅西立面

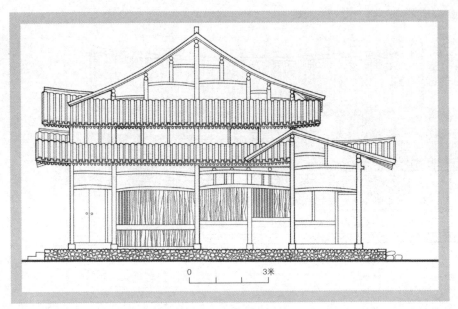

（图1-6） 芙蓉村北端甲宅南立面

（图1-7） 芙蓉村北端甲宅北立面

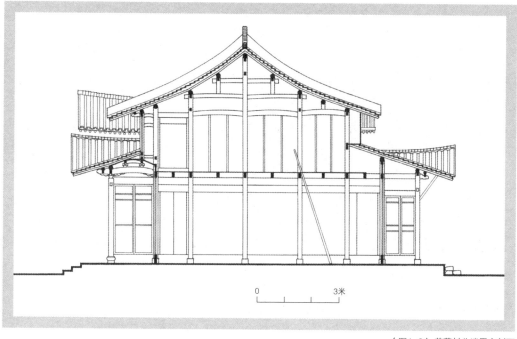

（图1-8）芙蓉村北端甲宅剖面

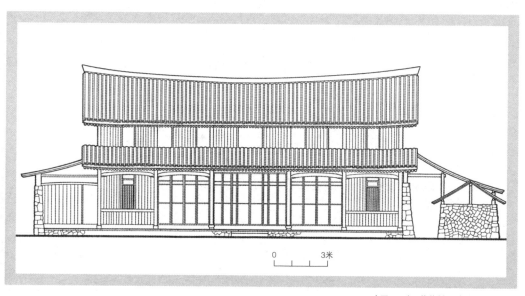

（图1-9）芙蓉村北端乙宅立面之一

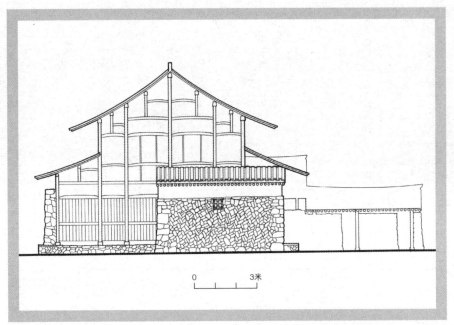

（图1-10） 芙蓉村北端乙宅立面之二

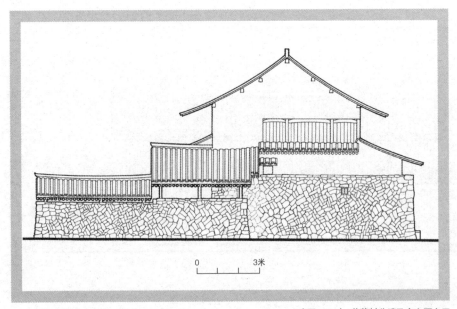

（图1-11） 芙蓉村北端乙宅立面之三

围有回廊。这是楠溪江中游少有的大宅之一，它的两个水池院，也是少见的。

这幢大宅子北侧现在是砖墙，其余的墙壁全是木板的，用直棂窗。

岩头村在嘉靖年间由金氏桂林公主持，进行了大规模的规划和建设。在浚水街、中央街和进士街，各造了7幢三进两院的大宅，比肩而立，占了岩头村的一半。道光元年（1821），因为被告发与太平军有联系，清军烧毁了岩头村大量房屋，包括这21幢大宅。现在在浚水街可以看到6幢大宅的遗迹，这些大宅的形制和大小、尺寸很统一，排列很整齐。从大宅现存的间距看，参考蓬溪村的明代住宅，它们很可能也曾经有左右侧的小天井和侧屋，形成"日月井"的格局。

现在在浚水街上马巷还有一块当初的柱顶石，鼓镜的直径竟有76厘米，可以推知这些大宅的梁架的尺度是很大的。遥想450年前，这一大片住宅区初建成的时候，岩头村的面貌应是很壮观的，并不像后来在它们的废墟上重建的住宅那样自由活泼，那样明朗亲切。

■ 村落营造

明代前期，楠溪江中游村落营建之盛，得力于经济、文化的繁荣。《鹤阳谢氏宗谱》记载，第十一世祖裕孙公（生元至大辛亥，卒明洪武乙卯，1311—1375），"性爱淡素，不尚浮靡，且殖业繁蕃，创第宏敞"。殖业繁蕃，恐怕是商业资本或高利贷资本的滋利。有了钱，便造宏敞的第宅。至于性爱淡素，不尚浮靡，则是楠溪江乡土文化的特色。士绅们在儒家传统和"老带庄襟"影响之下，以淡泊相标榜，虽然实际上未必如此，但以淡泊、耕读相标榜，这种文化心理和价值取向，必定会在建筑上有所表现，尤其是与生活密切相关的居住建筑。

同是鹤阳村，宣德年间供职锦衣卫的谢廷循，在家里造了一所静乐轩，宗谱说："士大夫与之游者皆为赋静乐之诗。"连宣宗皇帝也写了一首《静乐诗》：

暮色动前轩，重城欲闭门。残霞收赤气，新月破黄昏。已觉乾坤静，都无市井喧。阴阳有恒理，斯与达人论。

也是这个鹤阳村，洪武、永乐年间有一位谢德玹，家里有一间书斋，濒临澄江。他自制《临水书斋》诗：

碧流湛湛涵长天，小斋横枕清堪怜。牙签插架三万轴，灯火照窗二十年。长日尘埃飞不到，常时风月闲无边。已知圣道犹如此，乐处寻来即自然。

谢廷循的朋友，豫章村的胡宗韫，宣德年间任中书舍人，归田的时候，同僚赠诗送行，有句：

诛茆今日野，把钓旧时溪。晒药晴檐短，安书夜榻低。（陈斌）

烟霞三亩宅，霜露百年心。黄菊陶潜兴，清风梁父吟。（陈中）

这至少是映射出了他们所标榜的生活的文化意蕴。胡宗韫在故宅"中翰第"造了一座紫微楼，以为养闲之所。《宗谱》说他：

植竹种花，终日坐卧其间，时临墨迹，随兴吟诗，优游自乐，或与密友笑

（图1-12）芙蓉村优美的曲线

（图1-13） 岩头村住宅

（图1-14） 埭头村十五开间住宅大院

谈、围棋、饮酒，如是二十余年。

《茗川胡氏大宗谱》里有一篇《碧云楼记》，详尽描绘了乡村士绅营建宅第的兴致和在其中的生活：

> 彦通（按：永乐间人）纯实谨愿，不为薄习。遇高人硕士，辄倾怀于觞酒间。乃度其所居堂之后，爽垲悠闲，宜楼居，乃构楼若干楹。楼之左右宜竹，而又植以竹也。重檐峻出，四窗虚敞，而朝云暮雨，散旭敛晴，则荫连溪碧，翠接山寒。夫楼中之佳致也，多在于竹。彦通每于风朝月夜，携朋挈侣，施施然游息于斯楼之上。以极其潇洒者，盖其襟度宏深，神情超畅，能不以天地间事物为心虑也。

从这些诗文里，可以看到，当年一些乡贤士绅们，在家里过着品位很高的精神文化生活，他们对住宅的要求，不仅仅是物质性的和仪礼性的，他们要有雅洁的书斋，爽垲的书楼。可惜，现今在楠溪江的村落里，这些书斋和书楼已经完全消失了。

当然，在这些高质量的、规模比较大的第宅兴起的同时，村落里也一定会有另外一批住宅，简陋而湫隘。《两源陈氏宗谱》里有一首资叟公的诗，名叫《田家》，写的是：

> 颓屋矮檐四五家，腰镰荷笠事桑麻。
>
> 耳边不涉风波事，欸乃声中日未斜。

田家的典型生活环境是"颓屋矮檐"，可见是普遍情况。不过，这些居住建筑，当然更加禁不住时光的摧残，现在完全找不到了。（图1-12～图1-14）

二·丰富变化的住宅形制

楠溪江各村落里现有的居住建筑，是从南宋以来几百年历史的积累。可惜资料阙如，现在不可能一一判明它们建造的年代，加以历史的考查。甚至，由于近年来为造新房子而拆除大量传统住宅，就现状对它们作统计性的分析也毫无学术价值了。

■ 岩头、苍坡和芙蓉三村

虽然住宅屡经翻改，但村子的规划结构基本没有变动，所以住宅与村子的整体之间，大体还保持着原始的关系。

中游盆地的村子，以岩头、苍坡和芙蓉三村为代表，规划格局都很整齐；一条主街，几条与主街相垂直的次街，次街之间的小巷。大多数的住宅，正门开在次街。这三村的次街都是南北走向。岩头和芙蓉的次街，间距50米左右，本来正相当于一幢三进两院大宅的进深。但几经兵火，现有的住宅大多是进深不到50米的中小型住宅，只能从小巷里侧面进门，门内是前院，正屋仍然向东。还有一些，是从小巷开一段专用的岔巷，正门开在岔巷里。更有一些简单的长条形小住宅，不围院落，全面敞开，则从小巷由一些人行步道出入。

苍坡村除了中央部分有东西向的横街外，多数的次街也是走向南北的，但它的住宅也都向南，因此，多数住宅就从侧面入门。为适应住宅的总宽度，两条次街之间的距离只有40米。但住宅的两侧仍有小小的余地。侧面入门之后，一般是自由空间，绕过厢房，才是住宅的前院。也有个别住宅比较宽，厢房毗邻次街，于是侧门就开在厢房前端的一间，以这一间为门厅。苍坡村有一条九间巷，一条三退^①巷，过去比较大的住宅大多集中在这两条巷子里。这两条巷子的名字就夸耀着它们的宅子的规模不同平常。 但现在已经没有这样的大宅子了。

山坡地上的村子，如水云村、埭头村、西岸村、黄南村、林坑村等，住宅基地狭窄，成院落的就少了，大多顺等高线延伸。为了满足宗法制大家庭的需要，有长达15开间的。例如水云村中心最高点的一座，咸丰年间造的，有"钦命兵部侍郎右都御史浙江巡抚部院罗□□"题的匾："登崇俊良"。房子主人是贡生陈

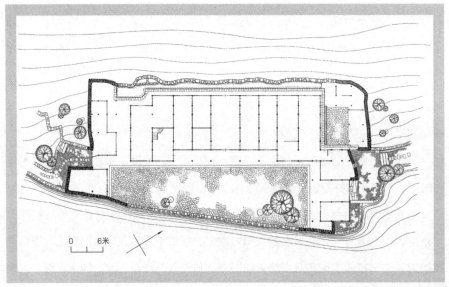

0   6米

（图1-15） 水云村"十五间"住宅平面

① 永嘉方言，在房屋上，以"退"为"进"。三退，即三进两院式住宅。

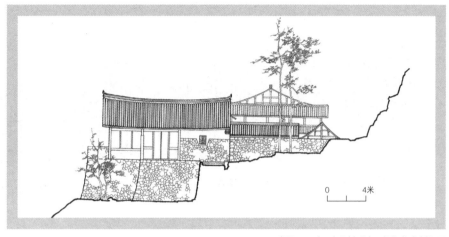

0　4米

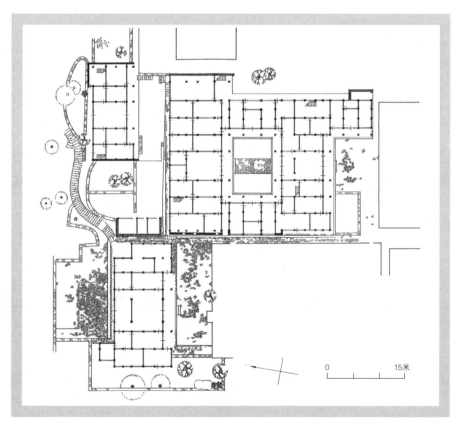

0　15米

（图1-17） 花坛村"宋代住宅"平面

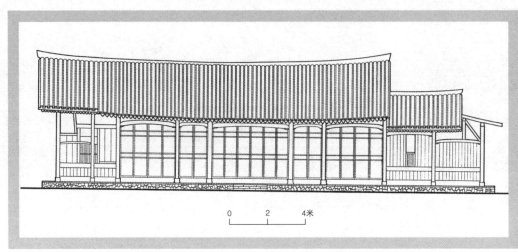

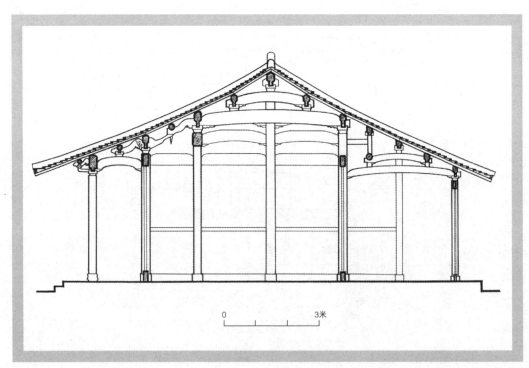

（图1-18） 花坛村"宋宅"立面

（图1-19） 花坛村"宋宅"剖面梁架

（图1-20） 下美村住宅穿斗式屋

（图1-21） 屿北村住宅

（图1-22） 黄南村住宅小景

福。道路也是顺等高线走的，这些住宅平行于道路，因此就把整个村子拉长了。它们前后的间距不得不压缩得很小，建筑密度因而很高。但是，只要稍有可能，这些村子里的住宅也还是争取成为院落式的。楠溪江的建筑虽然大多保留自己形象的独立完整，表现自己的个性特色，但都在统一的村落规划里，所以不大以个体来考虑风水。（图1-15～图1-22）

■ 长条形住宅和三合院

楠溪江的住宅，以长条形的和早期三合院式的居多。三合院式的有一种变体：加一个不大的后院，平面呈"H"形。四合院和三进两院的大宅，各村几乎都有，但不多。各村落住宅的规模渐小，质量渐差，是因为明末清初以后，楠溪江经济文化的大衰退。到了民国年间，才有一些在温州经商的人，回乡造了些砖门楼的质量比较好的住宅。

长条形的房子，楠溪江上游的山区较多，一般质量都比较低，5间或7间的小型住宅，显然是经济条件比较差的人家的。它们大多是四面板壁，用直棂窗，堂屋前檐完全敞开，没有装修。有楼层，但常常不设楼梯，而用竹爬梯上下。结构

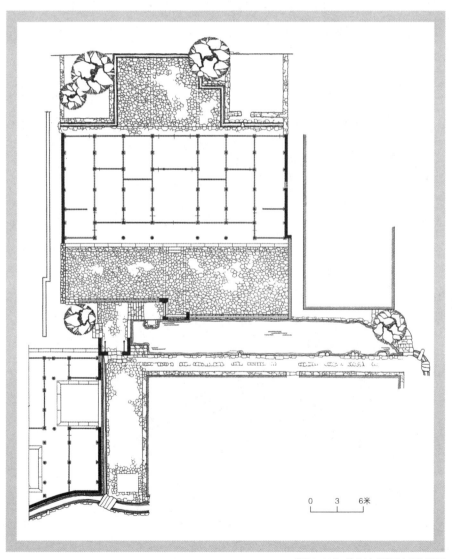

0   3   6米

（图1-23） 埭头村"松风水月"平面

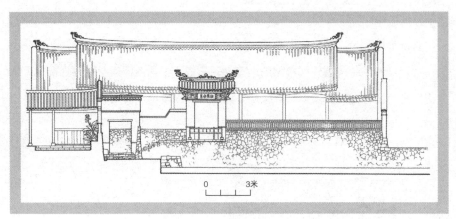

（图1-24） 埭头村"松风水月"立面

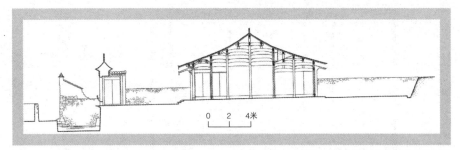

（图1-25） 埭头村"松风水月"剖面

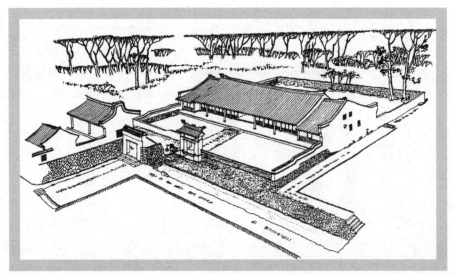

（图1-26） 埭头村"松风水月"鸟瞰图

（图1-27） 埭头村"松风水月"前水塘与景观

（图1-28） "松风水月" 宅院

（图1-29） 埭头村鲁班祠前檐

用料很粗糙，弯弯曲曲的原木，也比较细。它们不筑院墙，房前屋后种树栽竹。四个立面都不封闭，两面山墙有窗，偶然有门，虽是长条形的，但形体并不单调。这种小型住宅的构图最善于变化，只要平面上有一点变化，立面上就能引发出很大的变化。而且年代久了，总会有些增扩，多有厕、储藏和猪栏等小建筑物附加在左右，造成体形的层次和穿插。一般说来，它们比院落式的更活泼多变，更富有创造性。因为它们数量比较多，造就了整个村子开敞、明朗、体形活泼、绿化丰富的景观。（图1-23～图1-29）

　　三合院的住宅是楠溪江中游最基本的形制，比较模式化。一正两厢，有楼层。正屋七到九开间，除去两厢所占，前院宽度大于三到五开间，而两厢不过三开间，所以前院很宽敞。院前不一定有墙，即使有的，院墙高度也低于厢房底层披檐檐口许多，大约略高于2米。院内的树木、竹子，甚至瓜、豆，都能越墙而出。更有特色的是，虽然有前院，正屋和两厢的山墙面和背面大都仍作木板壁，开门开窗，所以，这种住宅的性格也还是开敞、明朗的。只有比较晚近一些的三合院，在温州市的影响下，后墙和山墙都用砖封护，显得封闭。这种房子各村都有一些。

　　三合院住宅的基本模式是在前院墙正中设院门，单开间，左右各有一榀小小的屋架，有前后檐柱和山柱。两棵山柱间立门扉一对。屋顶为悬山式，两面坡。讲究一些有简单的斗栱，也有在山柱向前后作四跳丁头栱的。木门楼虽小，造型却很精致，深入到细节。它们很优美典雅，舒展大方，不但使住宅生辉，也使街巷添色。晚近一些的三合院，使用砖砌封护墙的，院门也都改成砖的了。它们远远不如木门楼那样轻快、明朗，富有空间层次和结构美，但它们有雕塑性，檐下装饰化了的仿木构和屋脊两端空灵飞扬的花饰，与下部质重的墙垛相对比，产生很强的上升运动感。木的和砖的门楼，都比院墙高，有一些还在两侧作八字墙，形象很完整、突出。（图1-30）

　　楠溪江住宅的一个重要特点是院落宽敞，充满了阳光。地面满铺块石，晴天可以曝晒庄稼粮食，雨天排水通畅，与浙中、浙西、皖南、赣北，甚至云南、四川的传统民居里那种狭小、潮湿、阴暗的天井大异其趣。正是这些宽敞的院落，不高的院墙，和四面都有的门窗一起，使楠溪江的居住建筑摆脱了封闭性。

从这个明亮开廊的前院到住宅室内，有一个过渡性的空间，就是从阶条石算起宽达两米多的檐廊。多数住宅，连两厢也有檐廊。当地气候温和，这个半露天的檐廊是日常生活主要的场所。家务、手工业、休息、读书、儿童嬉戏，都在廊下，有些人家在这里进餐。夏天纳凉，冬天负暄，廊下都是好地方。

住宅所有的房间里，正屋明间是第一重要的，这是堂屋，当地人叫"上间"。它的面阔一般在4.5米左右，有的达到6米以上。浙中、浙西的天井式四合院，堂屋前檐没有装修，空间与天井直接融合。而楠溪江住宅的堂屋，却绝大多数有前檐装修，用3对槅扇门。（图1-31～图1-33）

堂屋的主要功能是礼仪性的，在它的后部，就是后明柱的位置上，设一道太师壁，壁前置条几。条几上陈设着插屏、掸瓶之类的东西。有些人家，在太师壁上部，悬挂着一个精工细做的架子，供奉家庭近祖的神主。相应的，条几上就

（图1-30） 岭下村住宅小门柱子上出挑丁头栱，最下层第一跳作曲线形的丁头栱，颇现匠人巧思

（图1-31） 苍坡村住宅槅扇花板大样

（图1-32） 岩头村建筑装饰

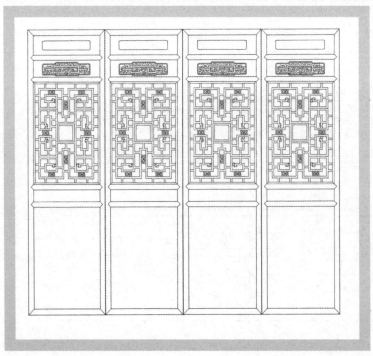

（图1-33） 芙蓉村某宅太师壁

会有香炉，天天焚烧高香。正是为了突出堂屋的尊贵地位，各类住宅，包括简陋的长条形的，都对称布局，把堂屋放在中央。

据《鲁班经》说，住宅的大门，前后四棵檐柱，加上左右中柱间横一道门，形如"日"字。正房堂屋比较宽，加上太师壁，形如"曰"字。它们在一起就组成一个"昌"字。所以《鲁班经》力主堂屋要宽。

太师壁两侧有门，通向后面小半间，通常把主要的楼梯造在这里。凡比较老式的住宅，后檐墙都是板壁，直棂窗，少数有后檐廊，面对一个宽度为通面阔的空地，种些树木，搭一些厕所之类的小屋。新式一点的，山墙和后檐墙都用砖墙封护的，则大多设后天井，两侧各有一间房间，平面就成了"H"形，也有三面设檐廊的。无论哪一种情况，堂屋太师壁后面的小半间，都是家庭日常起居的重要地方，常常用作餐厅。

前院的厢房，大多三开间，也以中央一间为堂屋，同样有太师壁，不过比较简单。

堂屋是宗法制家庭的象征。这里有作为家庭凝聚力中心的祖先神主。年时节下，生辰忌日，这里都要设祭行礼。婚丧大典，都在这里举行。平素有贵客临门，也在这里接待。这里也是对子弟进行庭训的场所。这里是家庭的礼制中心，教化中心。当地习俗，凡兄弟析产分居，新屋必须有堂屋，才能算成立了新家。所以营新居的，都重视这间堂屋。

无论正屋还是两厢，房子的进深都很大，一般为8～10米，通常都用板壁分为前后间，这是后檐也有门有窗的原因。次间的卧室是最重要的，住长辈，由堂屋侧面出入。卧室光线很暗，地面潮湿，白昼很少有人愿意枯坐在里面。

厨房往往设在正屋的尽间，由前檐廊的一端进去。在"H"形的住宅里，它更常常设在后天井的一侧。厨房是住宅最忙碌的角落，维持着整个住宅的生气。它占一间，面积比较宽松。因为用柴火灶，灶台很大，一般两个火口，烧火人坐的长木凳后面就是柴堆。厨房近旁必定有一间仓房堆放柴禾，水缸、粮柜、碗橱、餐桌、咸菜坛，等等。秋收之后，年关之前，还在厨房里酿酒、舂年糕。有些人家，厨房里有大酒缸、年糕缸。为了防鼠，鱼、肉、菜肴等常用竹篮子挂在梁上。柴灶的烟囱用砖砌，并不伸出屋顶，也不伸出墙外，而是拔起2米多高之后，转折抵住外墙，在墙上开一个洞口就成了。在巷子里看，砖墙上一个个洞口，袅袅地冒出青烟，在墙面上熏一片黑。不做高烟囱，是为了省柴。厨房有一个门通向小巷，另一个门开向后院。梢间的前后卧室往往在厨房开门而不在前后檐开门。灶上有灶神像的小龛，都在烟囱的里侧，像下设香炉和烛台。灶神是家庭的保护神，待人宽厚。所以虽然大小事情都要向他报告，神龛却很简陋。三合院或它的变体"H"形住宅在建造的时候或许是为一个大家庭用的，但一两代之后，家庭人口多了，就要析产分炊，于是就会增添厨房。所以一所旧宅，往往是两厢各有厨房，正屋有一两个厨房。一个厨房代表一个家庭。厨房与堂屋一样，是家庭的象征，一个是经济性的，一个是礼制性的。（图1-34～图1-42）

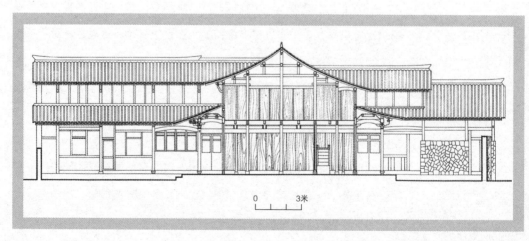

0 3米

（图1-34） 蓬溪村谢云汉宅剖面

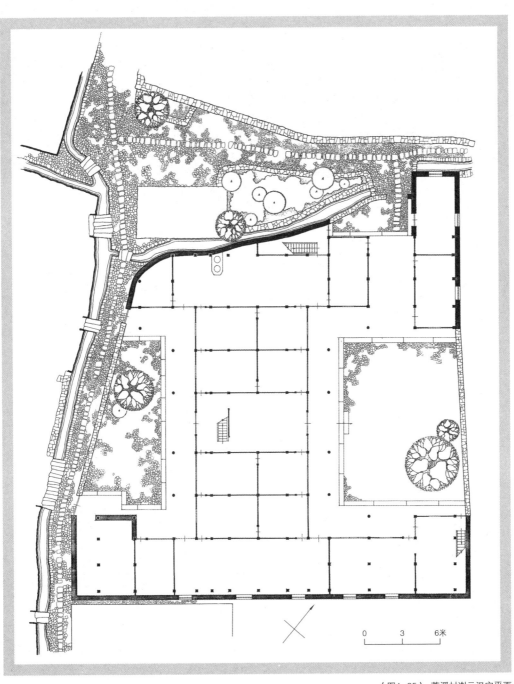

0　　3　　6米

（图1-35）　蓬溪村谢云汉宅平面

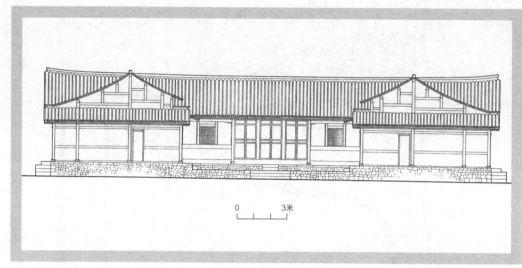

（图1-36） 蓬溪村李时靖住宅立面

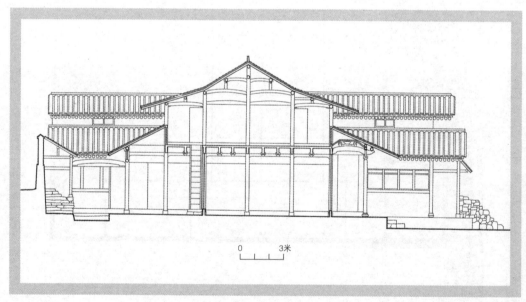

（图1-37） 塘湾村"T"形宅剖面

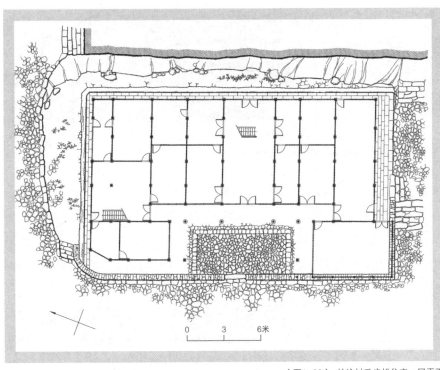

（图1-38） 林坑村毛步松住宅一层平面

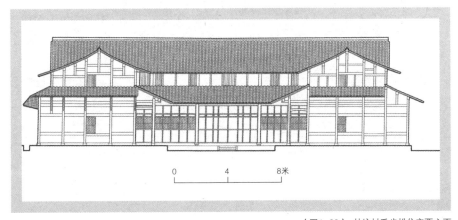

（图1-39） 林坑村毛步松住宅西立面

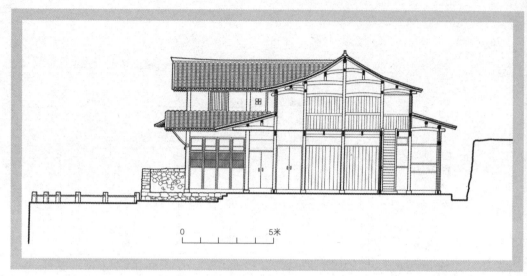

（图1-40） 林坑村毛步松住宅纵面

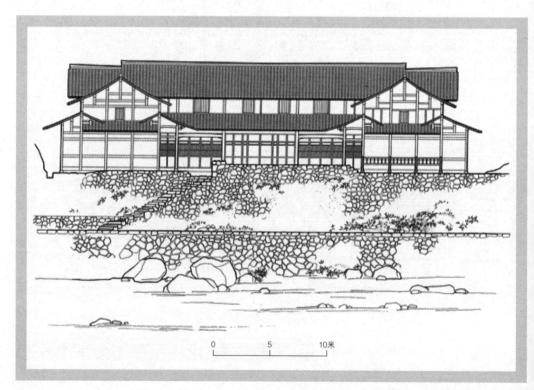

（图1-41） 林坑村桥头老屋西立面

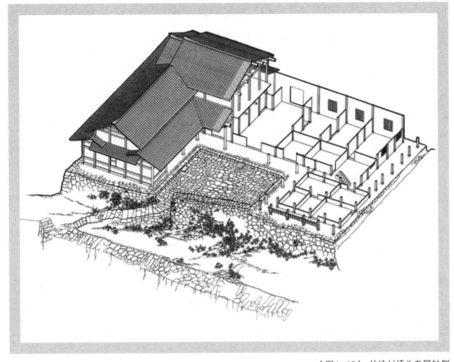

（图1-42）　林坑村桥头老屋轴侧

　　楼上的房间乱堆杂物，并不住人，也没有什么重要用处，楼板薄而简陋，上面露瓦。局部楼板加固，存放粮囤。运粮上楼的办法，有一种是在明间或一个次间里，楼板开个洞口，正对洞口的檩条上装一副滑轮。

　　四合院或者三进两院的住宅，基本原则与三合院一致。四合院增加了"倒轩"，就是第一进门屋。门屋的明间为门厅，比堂屋窄，二者仍然形成"昌"字。

　　在芙蓉村，有两幢形制特殊的大型住宅。一幢是造在康熙年间的"大屋"，也有人叫它"司马第"，在村子的西北角。它有3条平行的轴线，3座四合院并肩组合成一所房屋。连正屋带厢房，一共46个整间。总面宽大约70米左右。3所四合院各有自己的门，但院子间又可经过厢房前后的夹道连通。大屋后面有自己的水井，前面左侧有自己的3间家塾，右侧有花园。正门之前有磨砖照壁，照壁和大屋在路的同一侧，所以在照壁左右各有一个小前院，从前院折向正门。从正门到阶前，还有大约18米的距离，在这段空地里划分了几个大院落。大屋的左侧，也就是北侧，曾经有水渠和池塘，现在已经干涸。

■ 住宅质量

三合院住宅，四合院和三进两院住宅，质量都比较好。前檐装修全用槅扇，少数用槛窗。槅扇的格心花色很多变化。最上面有一块绦环板，都有很精美的浮雕。槅扇前面是檐廊，檐廊的梁架、构件都做装饰性处理，与柱子外侧承托挑檐檩的斜撑、牛腿或出翘一起，构成相当华丽的组合。有一些质量更好的，檐廊上做卷棚轩或井口轩。《正字通》释"轩"："檐宇之末曰轩，取车象也。殿堂前檐特起，曲橡无中梁者，亦曰轩。"所说的正是檐廊上的轩。这种轩，尤其是"曲橡无中梁"的卷棚轩，装饰性很强。堂屋里，太师壁和它两侧的门额做重点装饰，是小木作的重要作品。供奉神主的架子，制作尤其精美。

楠溪江住宅的一个很特殊的做法，是明间檐柱之间没有枋子连系，在这里形成一个缺口。这个做法的理由，推测起来，大约是因为《鲁班经》里说，人站在堂屋的太师壁前向外望的时候，应该看到门口的上槛背后衬着天空，不应该看到柱子间的枋子、檐口或其他东西。否则就是"凶相"。这里根本不架设额枋，而檐口又高，就避免那样的"凶相"了。

结构上的另一个特点是，正屋檐柱连线与厢房檐柱连线相交的阴角，没有柱子，只把厢房的檐枋架在正屋的枋子上，而在相交的位置，倒吊下一个雕刻十分精致的圆柱形装饰构件。这个构件根据它的形状和雕饰叫做"垂莲柱"、"花篮柱"、"冬瓜柱"，等等。

砖门楼的住宅有两处灰塑装饰，一前一后。一处就在砖门楼和它两侧的八字墙上。门楼的灰塑主要是檐下的隐出斗栱。有一些砖门楼没有坡屋顶，中央做一片曲线花式的小山墙，两侧立灰塑的花盆万年青之类。八字墙的上部，有灰塑的方框，里面塑花卉或者人物故事。另一处在后天井正对堂屋的照壁上，这里往往

（图1-45） 埭头村住宅卵石围墙

（图1-46） 芙蓉村石墙小院门

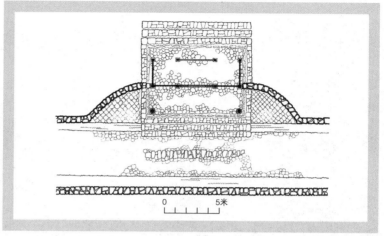

（图1-47） 芙蓉村丁宅院门平面

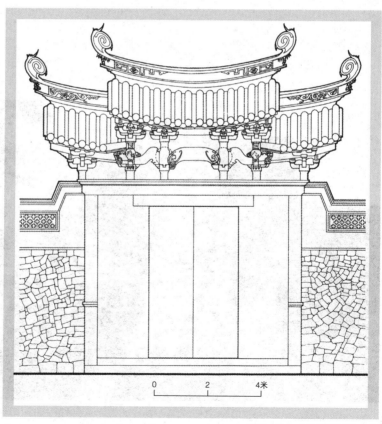

（图1-48） 芙蓉村丙宅院门立面

（图1-50） 芙蓉村北侧石头寨门

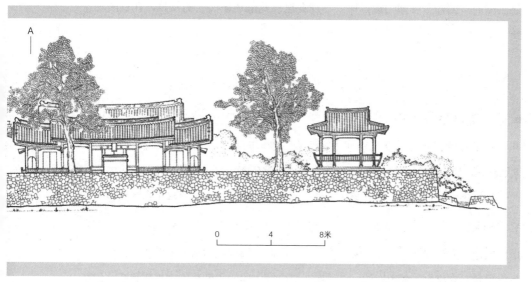

（图1-49） 苍坡村寨墙及寨门

是整幅的大型构图，主题大多是散仙高士的故事，抒写乡村文人们的隐逸情愫和读书之乐。芙蓉村的"将军屋"，岩头村的"枕琴庐"，都还保存着这样的大幅灰塑画。（图1-43～图1-50）

砖门楼的住宅还常用空砖花做装饰，大多用在前院墙上，尤其是门楼旁的八字墙上部。花坛村和埭头村的砖门楼和空砖花尤其变化繁多。因为花坛村是明代以后比较发达的村子，其他多数老村子在这时候已经渐趋没落。而埭头村则是建筑业的专业村，有大量木匠、泥水匠，多在温州谋生，他们为建设家乡大施才能，门楼、花墙，百花争艳，尽情抒发他们对生活的热爱。

同治年间，在蓬溪村造了一座住宅，叫"近云山舍"。主人谢文波是个邑庠生，在同治五年（1866）到苏州遍访名第大宅，采绘建筑式样。回来后造了这所房子。它是座四合院，院落扁宽，被两道空花砖墙分隔为三部分。厢房前形成一个小院子，墙根设花坛。左边厢房名"听香斋"，由翁同稣书额。因为与鹤盛人为争柴山而成仇，山舍被烧毁，花墙①只剩下左侧的一片。1939年，谢雪仙兄弟重建正屋的"倒轩"（即门屋倒座）。现在这片花墙还在，它的精致，在楠溪江建筑里是少有的。

■ 建筑风格

住宅是楠溪江建筑风格的代表。楠溪江建筑的开朗亲切、活泼灵巧、朴素真实、纯净自然，都最鲜明地表现在住宅上。主要是住宅决定了楠溪江村落的面貌。

住宅的基本材料是蛮石和原木，都是直接从自然取来，并保持了自然的形态。它用轻灵的木构架，又不加掩饰地把构架展现出来。它以简便的方法造成屋面复杂的翘曲，柔和舒展。屋脊、檐口和山墙上屋面的侧缘，曲线流畅圆润。屋顶的前后出檐和左右出山，都很宽阔，以显露在白粉壁上的轻盈细巧的木构架承托，使建筑更显得飘然如鸟似翚。山墙是住宅最优美的部分。两层的房子都有腰檐，它们在山墙上挑出薄薄的一片斜面，或者转折过来，而在转角上断开，形成一个小巧的山尖，穿插很富机智。为支承很宽的披檐，山墙上偶或用一排细长的斜撑，它们增加了山墙前空间的层次和形式的变化，也把重力的负荷和传递表现得轻松自如。深暗色的木构件，带着天生的弯曲和裂纹，在粉墙上画出方格图案，几个恰到好处的窗子，使图案更加生动有神。山墙面上，建筑材料的种类也最多，因此色彩、质感和形体的变化也最多，提供了不少组合的可能性。而使山墙的构图最后达到完美境地的，是它上面两坡屋顶的精致的曲线和它轻逸飘洒的上升动势。楠溪江的建筑匠师们深深知道山墙的美，常常利用它们充当重要的角色。三合院的住宅，不但

---

① 这片花墙，现在是县级保护文物，砖门上"近云山舍"四字及门联"忠孝持家远，诗书处世长"，传为朱熹所书，由谢家保存下来的。

（图1-51） 廊下住宅石墙石窗

（图1-52） 埭头村席纹石墙

（图1-53） 芙蓉村石路、石墙小巷

（图1-54） 林坑村住宅挑檐晾晒

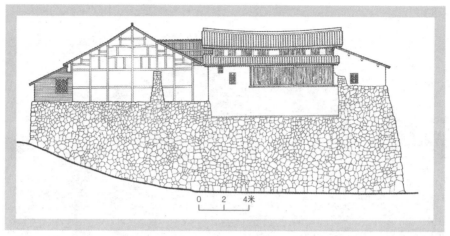

（图1-55） 塘湾村某宅侧立面石墙

（图1-56） 水月
堂山墙叠瓦装饰

以厢房的两个山墙朝前，而且后面的两个角，每个都向后和向外侧面做山墙，侧面的一个是正屋的，后面的一个是厢房的。山墙上各种因素差参错落，有出有进，有正有斜，有直有曲，有明有暗，有硬有软，有粗有细，有虚有实，有黑有白，巧妙地组合搭配，十分丰富，却又出奇的朴素。这些山墙，造成了村落的轮廓线，起伏跳动，十分活泼，既表现了每幢住宅的独立品格，又取得了整个环境的统一和谐。（图1-51～图1-57）

砖砌的封护山墙，五花的和弓背的都有，数量不多，但艺术水平很高。

三合院住宅的院墙不高；正屋和两厢的后檐墙大多是板壁，开直棂窗，有门，山墙开朗活泼。因此"门"形住宅的性格比较说来也是开敞的，外向的。加上村子里许多的长条形小住宅，没有院墙，或者只有很低矮的院墙，街道的空间一直扩散到它们面前。所以街景也是开敞的，外向的，有时候简直是贯通的。住宅前后的树木竹丛，也都进入了这些村子的街景。苍坡、芙蓉、鹤阳、港头、周宅、渡头、霞美、坦下、埭头、溪南、塘湾、黄南、林坑等村子，都是绿荫处处，禽鸟和鸣。

住宅与村落环境的交融，最出色的例子是埭头村的"松风水月"住宅。这住宅并不大，不过是七开间的一长条。它在村子的后部，山坡上，前面一个8米宽的院子，院子外，地形下降1.5米左右。但堡坎的下面，竟是一个4.1米宽，28.1米长的水池。池外才是道路。从水池的一端上几步台阶，进一个砖门楼，再向右转，上台阶，才到院门。院门有互成直角的两片。迎着台阶，让人出入的门洞，与住宅垂直，这片真正的门形式比较简单。另一片与住宅平行，比较高大，有脊，看来是门的正面，但门洞外却下临水池，不能出入，而在门洞装设美人靠（已残，也可能是花盆架）。倚着栏杆，望水池边妇女们浣洗衣服，笑语盈盈，情趣盎然。在"松风水月"，利用地形高差，造成住宅内外的空间交融和生活场景交融，而且，为了这交融，大门的形制突破了常规，大胆出新。埭头村是建筑匠人的专业村，匠师们确是身手不凡，富有创造性。

"松风水月"住宅右前方有一座小宗祠①。内部木构件的艺术加工水平很高。侧面封护山墙的轮廓很有弹性，很有生气。

楠溪江村落建筑环境里，景观的丰富多彩，在很大程度上取决于居住建筑形式的多样化，以及它们相互之间、它们与街道之间的关系的多样化。村落景观的清新，又在很大程度上取决于居住建筑形式的富有创造性，时时可以见到独出心裁的造型，使人惊喜。

居住建筑是最基本的乡土建筑。它的风格与官式建筑的对照最强烈。而乡村里的礼制建筑和宗祀建筑，则介乎二者之间，并且因此而有分化，有些更偏向居住建筑，有些更偏向官式，中间状态表现出一种不稳定性。（图1-58～图1-66）

---

① 村人久已不知它的来历。有人说是鲁班庙。在这建筑匠师的专业村，有此可能。

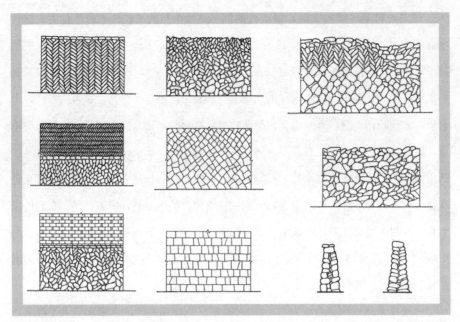

（图1-58） 蛮石墙做法举例

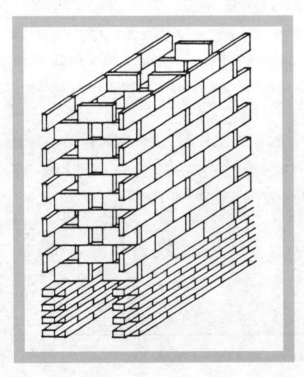

（图1-59） 空斗砖墙做法示意

永嘉楠溪江中游住宅

CHINESE VERNACULAR HOUSE

丰富变化的住宅形制

（图1-62） 岩头村砖花窗

（图1-63） 虎爪形柱础是
楠溪江现存等级最高的柱础

（图1-64） 苍坡村两层屋檐
很近，上下屋瓦连在一起，形
成四层

（图1-65） 埭头村鲁班庙内上梁模型【李玉祥　摄】

（图1-66） 建房

贰 建德新叶村居住建筑①
CHINESE VERNACULAR HOUSE

新叶村是一个叶姓的血缘村落，1990年初笔者对新叶村调研时，村中新建住宅不多，所存老住宅中，明代建造的约15幢，占全村住宅数量的3％；多数为中小型住宅；清代建造的住宅保留至今的约150幢左右，大小不一，质量差别很大，占全村住宅数的33％。而民国时期所建的住宅目前保存有50幢左右，占全村住宅的10％。这些住宅多数为"三合院"、"四合院"的住宅形制。另有100多幢参差不齐的住宅均是1949年至1986年间陆续兴建的。村落由两条溪水环抱被称为"双溪"，1986年以后，由于"双溪"之内的地段拥挤，宅基向外扩张到了"双溪"之外，同时也改变了传统"三合院"、"四合院"的住宅形制，统一建成为"一字形"的三开间二层楼。这种新住宅的外迁和住宅风格的变化，虽然改变了新叶村的整体布局，但却意外地对"双溪"之内的老住宅群起到保护作用。（图2-1～图2-2）

---

① 本文作者：李秋香。

（图2-1） 浙江省建德市新叶村远望。文峰塔是新叶村的地标，塔下就是村落

（图2-2） 新叶村住宅俯瞰

新叶村老住宅能保存这样多，这样完整，十分难得。因为住宅不同于其他类型的建筑，它纯粹只是一种私人的生活资料，没有人把它当作公共性的纪念物加以保护。相反因为它最贴近生活，所以会随着生活条件的改善而被拆除或改造，新叶村老住宅之所以能够保留下来，主要有以下几个原因：

　　其一，这个村庄太偏僻，太封闭，外面的大千世界已经演完了一本书，这个小山村的历史才翻过最初的几页。以致20世纪80年代末，县里准备修一条公路改善新叶的交通情况，却以破坏风水为名被拒绝，直到10年后，外面的世界发生了巨大变化，公路才通到村里。

　　其二，这个血缘聚落的家长制宗法观念极盛，一般不轻易拆掉祖上建造的房屋，只有自然倒塌或水、火灾害而毁坏，才能在原地基上重新建造。

　　其三，这村庄比较贫穷，商品经济十分不发达，生活水平从明代以后一直呈下降趋势，住宅更新的速度很慢。因此，新叶村近三分之一以上的住宅还是建于明清时期的老住宅，而许多在民国时期建造的住宅也大多数追随明清建筑的基本形制和风格。如果能将近几十年来所建的新住宅抽去，就能看到一个古代聚落的风貌。这个聚落不是散乱无序的，也不是方正整齐的，而是按照宗族中不同的房派，各自在本支的祠堂左右建造住宅的。血缘关系是封建的农业社会中最基本、最重要的关系，祖先崇拜直接反映为现实的利益，因此各支派的住宅，哪怕地段再狭小，再拥挤，也要紧紧地靠在本房祠堂附近，形成以祠堂为核心的一个个居住圈和住宅团组。新叶村不像很多现代的村落，因为有了街道才形成了住宅群，住宅沿着街道排开，而是因为有了团组式的住宅群，在分界之处才形成一条条主干街道，是宗族关系决定了村落的团块式结构。作为团块核心的分祠大体围绕叶氏外宅派宗祠"有序堂"作半环状分布的，所以，明、清时代的三合院、四合院都离有序堂不远。（图2-3~图2-6）

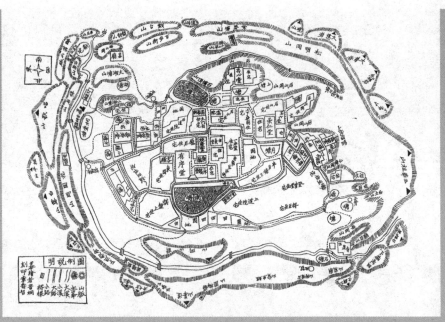

（图2-3） 民国二十八年（1939）《玉华叶氏宗谱》里居图

（图2-4） 南塘是新叶村的风水池塘，全村围绕在南塘东、南、西三方发展，水塘北侧是宽阔的明堂，不建房子，正对一座圆锥形的道峰山

（图2-5） 新叶村的朝山道峰山

（图2-6） 石塘小景【陈志华　摄】

一·新叶村住宅形制

　　新叶村的住宅形制，无论是平面、立面，还是室内外的装饰，都明显地与皖南、赣北的住宅近似。住宅沿不十分平坦的坡地建造。现有的住宅性格内向，高大封闭的白粉墙将每一户人家密实地包围在一个个窄小的天井院之中，内外的界线十分明确肯定，私密性很高，俨然一个堡垒。墙门外的人，丝毫不能见到里面人的行为。玉华叶氏住宅基本单元模式从明、清就已定型，即三合院和四合院。它们的模式化程度很高。

　　《明史·舆服志》载："庶民庐舍，洪武二十六年定制，不过三间五架，禁用斗栱、饰彩色。正统十二年令稍变通之，庶民房屋架多而间少者，不在禁限。"新叶村的住宅始终恪守这个"不过三间"的规定。"三合院"由三间正房、两厢和天井组成，厢房只有一间，天井很浅，传统上称为"三间两搭厢"。正房为二层楼，厢房一般也是楼房。两厢进深比次间开间略小，正好让出次间开门的位置。前面用高墙封闭起来，形成三面建筑夹一个天井的封闭的独家住宅。这种天井叫"吸壁天井"。三合院的大门一般开在侧面，即以两厢房之一为门厅。也有在正房次间向外侧开门的。少数住宅把大门开在前面，或者进门就是天井，或者仍从厢房之一进门。有一种在住宅前方正中进门的，紧贴天井的前墙设单片梁架，上造一溜披檐，这种形制叫"金鼓架"。（图2-7～图2-11）

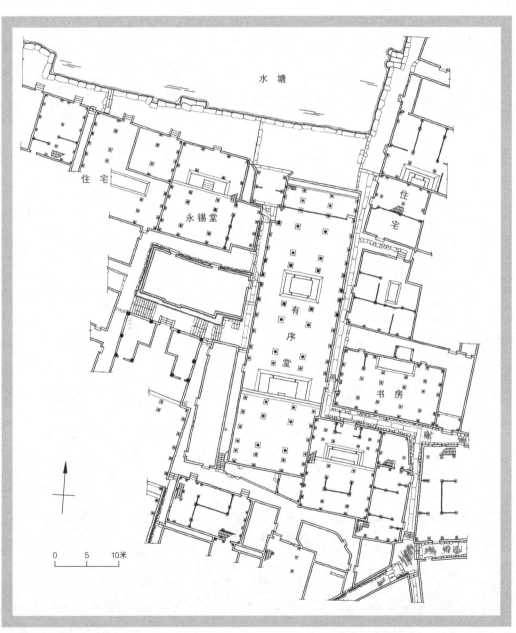

（图2-7） 有序堂是新叶村的大宗祠，向北面对南塘

水 塘

住 宅

永锡堂

有
序
堂

住

宅

书 房

0   5   10米

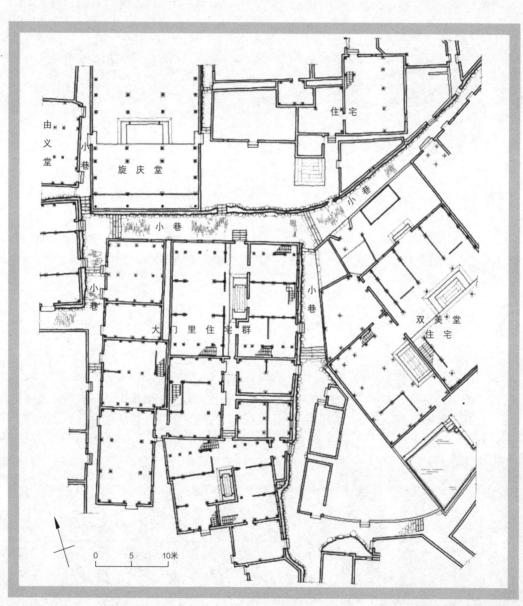

由义堂

住宅

小巷

旋庆堂

小巷

小巷

小巷

大门里住宅群

小巷

双美堂
住宅

0　　5　　10米

（图2-8）　旋庆堂后部住宅

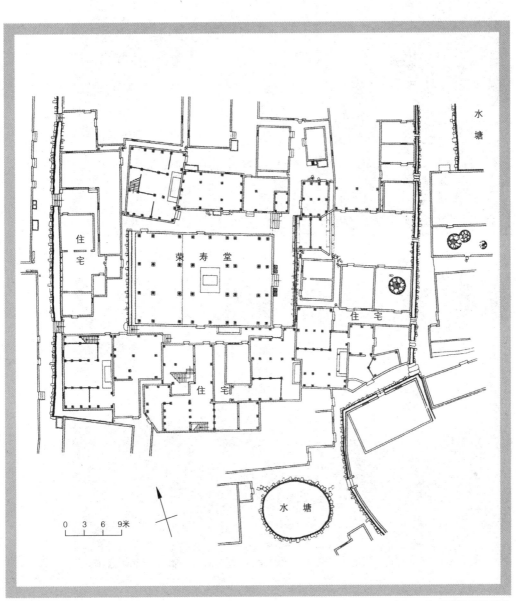

水塘

住宅

荣寿堂

住宅

住宅

水塘

0 3 6 9米

（图2-9） 荣寿堂及附近住宅

（图2-10） 村落内环境

（图2-11） 新叶村小型住宅较多，类别有三间两厢、对合式，只有少数两进式住宅

四合院比较少见。不同于北方的四合院，它并不是真正的院落，两厢仍然只有一间，天井很狭窄，又称"对合式"。它是一个连续的单体，好像天井是从它中间挖凿出来的裂缝。大门通常开在前屋明间，另设侧门，通常与厨房、猪圈、牛舍这些"偏屋"相连，也有设在正房与厢房间的夹道处的，这夹道叫"四尺弄"。

当"三间两搭厢"及"对合式"的基本单元不能满足居住需要而扩大时，则向纵向发展构成"日"字形，即三退住宅，如原叶桐住宅、叶荣春住宅等。纵向扩展受到限制，再向左右扩展，但很少构成并列轴线。这种单元组合既适合于不同形状的基址，又便于分期扩建、接建，不论扩展到什么程度，都不失单元本身的完整性。通常建房，在一块不规则的地基上，首先裁出一块适合"三间两搭厢"或"对合式"的方整的地块，然后利用四周不规则的边角地建"偏屋"，包容各种辅助用房，如厨房、柴房、仓房、猪圈、牛栏、厕所等，或将一部分较大的空地闲置，有待于将来再接建、扩建标准住房。因此主体建筑常居中，方方正正，辅助建筑随地形巧妙地组合，成为钝角、锐角、多边的形式，同主体建筑之间没有明显的对位，不一定平行或垂直。不规则的地段中，辅助房的随宜建造，使整个村落中，建筑高低错落，敧正进退，形制变化十分丰富。

二·形制的演变

　　住宅形制的演进是玉华叶氏家族历史演化的缩影，虽然玉华叶氏家族的宗谱中没有住宅的记录，但现存不同时期的住宅、遗迹甚至地名，却为我们提供了历史变迁的一些线索。（图2-12～图2-16）

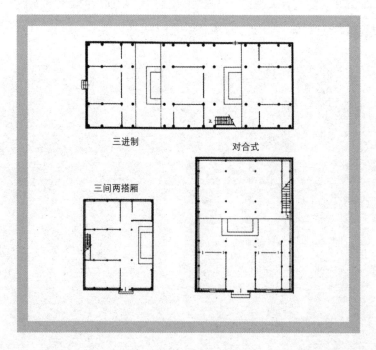

三进制

对合式

三间两搭厢

（图2-12）住宅平面形制

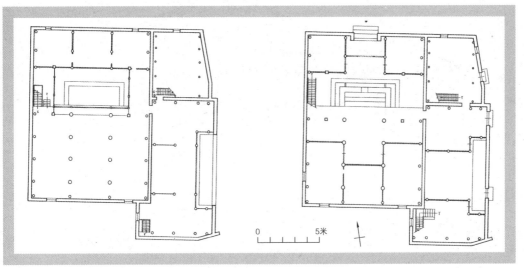

（图2-13） 华萼堂为现存的明代住宅，这是华萼堂一层、二层平面

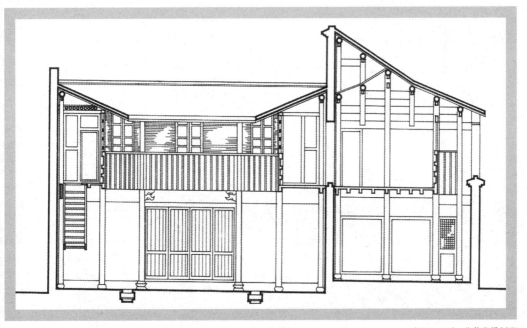

（图2-14） 华萼堂横剖面

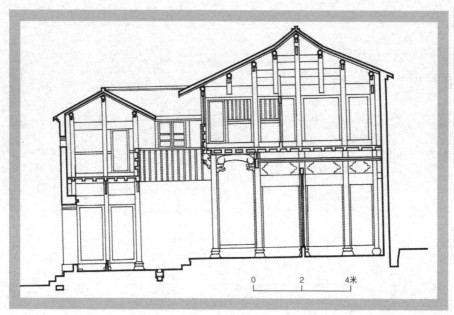

（图2-15）华萼堂纵剖面

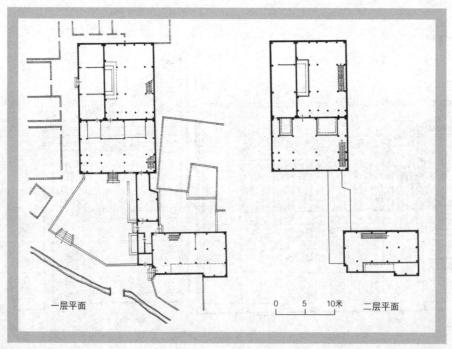

一层平面

二层平面

（图2-16）叶朝新住宅一层、二层平面

新叶村现存最早的住宅是明中叶兴建的，这些饱经沧桑的宅子，尺度一般都比较大，而且比较有情趣。当年村落人少，住宅疏松，一些大家在建宅之余，还要建独立的书斋，辟属于自己的花园，栽种花草，开池养鱼。元末明初的叶仙璩，好佛，宗谱说："鸟雀之投其园林者，不许妄弋。"现存能找到的明代花园痕迹有两处，一处是现在的有序堂客厅及小院。明代时是叶文山家的花园，称东园。叶文山是白崖山人——叶一清的父亲。到白崖山人执掌叶氏宗族大权后，将它献给宗祠。北部后来被其他住宅侵占，今尚余176平方米。另一处在南塘之西，崇仁堂前半月塘以北的小岗上。小岗不高，占地约1 000平方米。明代时小岗上种满梅树，是叶良鲸家的花园，称梅园。这里环境幽雅，空气清新，夏季清荫匝地，冬末暗香浮动。为督促晚辈们读书进仕，叶良鲸特地在这优美的环境中，建了一幢坐西面东的书斋，取名梅月斋，自号梅月翁。

与梅月翁同时，新叶村还有号竹斋、兰轩的两位居士，他们和友松翁合为梅、兰、松、竹，互有诗唱和。这四位，各有以植梅、兰、松、竹为主的家园。这些花园，依傍着山丘小岗的地势而建，背后有玉华山、道峰山，小景融入大景。竹园在梅园北侧小岗上，园中原也建有一座五间的宅子，名"云起山居"，主要为读书而建。现已全毁无遗址。此外，还有桂园等。园子中常有水池，养观赏鱼，也有在园子中放养梅花鹿，种植草药的。一些没有能力建造独立花园的人家，就在宅前宅后辟一方不大的院落，种植花卉草木，小水池内养着浮莲、游鱼。这时期的新叶村，岗阜起伏，群山环抱，古木荫翳，村内村外，池塘处处，绿地星罗棋布。在这样的环境里，人和自然的关系还比较亲密，住宅大约还不像现存的那样封闭。宗谱里有一首竹斋居士写的诗：

和黄警斋夜坐

雨过千山后，风来满院凉。

吟残半窗月，坐尽一炉香。

京国原无梦，林泉旧有狂。

堪堪见东白，犹未罢壶觞。

早在明代，由于人口膨胀，这些花园已经开始了陆续变成新房宅基的过程。不过，直到清代初年，境况优裕的人家还在造一些相当宽松的住宅。如康熙进士叶元锡之子在外经商，回乡造了"启佑堂"："启北窗，课儿读书。绕舍有隙地亩余，闲时督奴仆辈葺茅刈棘，灌园溉蔬，种植花果。"后来，不但当年幽雅的梅园、竹园、桂园等花园密密地盖满了住宅，就连一些人家住宅前后的小空地也被占用，以至现在整个村子几乎没有空隙。当年花园有的只剩痕迹，有的只有靠地名（如梅园、东园）以及家谱里的诗、文和传说唤起一点点回忆了。

人口的增长使新叶村住宅的密度增大，村落越来越紧凑，街巷越来越狭窄，住宅尺度不断缩小，清代小于明代，民国小于清代。但出现了新的住宅建筑形制，住宅面积的使用更趋合理和实用。正房二层或者也连厢房二层一起向天井方向出挑，形成"坐窗"，增大了二层的使用空间。而且，二层的高度增加，使它由原来的仅适于储藏变为也适于居住。明代谢肇淛著《五杂俎》中记皖南民居："余在新安，见人家楼上架楼，未尝有无楼之屋也。计一室一居，可抵二三室，而犹无尺寸隙地。"新叶村也渐渐变成了这种情况。同时，住宅的工程质量不断提高，增加了装饰，效果细致而华丽。

随着贫富差距的日益扩大，到清代中叶，住宅形制发生了相应的变化。富人造了些三进制的大型住宅，或者在单元体三合院、四合院的前后、左右，附加整齐的前后院或跨院，跨院甚至有三间两搭厢的，再在四周搭建辅助用房，多为单层单坡房。主体院落里，有木地板，精致的装修，雕梁画栋，装饰十分繁复，而附属的跨院（偏屋）和披屋，则比较简陋，大多是为雇工们住的。叶风新家住宅至今还保存着一座民国初年独立而建的长工屋，它在主人住宅前院的左前角上，围在四堵高墙里，有夹层，上面住长工，下层养牛。只有角落里一个小天井通风采光。夏季长工房内蚊蝇叮咬，恶臭冲天，冬季屋内四壁穿风，阴冷难捱，生活条件十分恶劣。

到清代末年，新叶村又造了9幢大住宅，现存8幢，4幢为三进，有5幢前面围一方小院，改善了老住宅的大门紧临街巷的局促格局，在公共领地与私人领地间有了一种缓冲，一种前置空间。这种带有前院的住宅成了近代新叶村富户人家住宅的典型，如叶佩茵住宅、叶佩蓁住宅、叶凤鸣住宅、叶汤平住宅，等等。前院虽然狭窄，但比起天井毕竟豁亮通畅得多了。人们在这里呼吸清新的空气，尤其适宜于炎夏之夜乘凉。（图2-17～图2-25）

这种大型住宅之一叶凤朝住宅，名"种德堂"，建于民国初年，位于新叶村中部偏南，坐南面北。宅主叶凤朝属崇仁堂派，是当时村中七大乡绅之一。宅子由对合式房屋、三间两搭厢，和"一字形"屋组成。对合式房屋为整个住宅的主要部

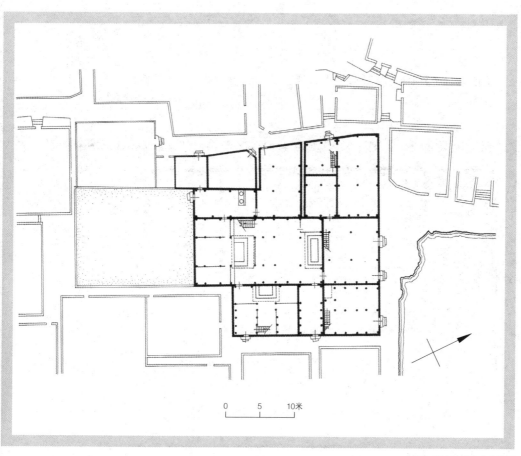

0　　5　　10米

（图2-17）叶桐住宅总平面

形制的演变

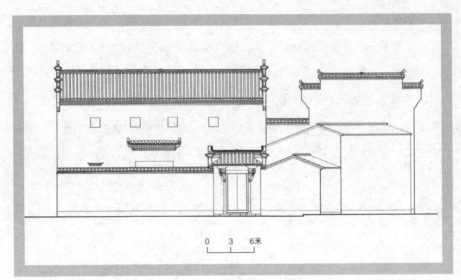

（图2-18） 种德堂正立面

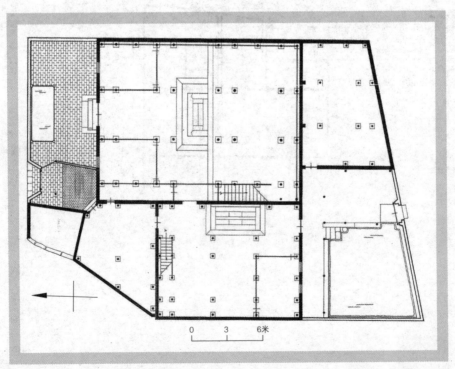

（图2-19） 种德堂总平面

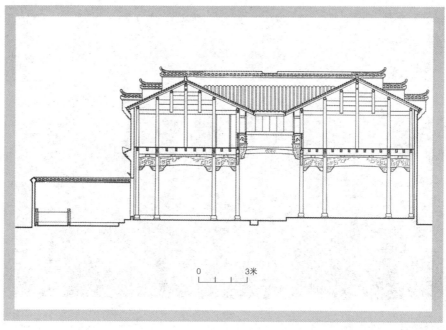

（图2-20） 种德堂剖面

（图2-21） 种德堂转角装饰处理

（图2-22） 种德堂坐窗出挑装饰

（图2-23） 种德堂大梁雕饰

（图2-24） 种德堂牛腿及荷花柱

（图2-25） 种德堂后花园

分，有它的正门、正厅。三间两搭厢建在对合式的西侧，轴线与四合院垂直。在它们前面是一个9米长、6米宽的前院，院门位于西北角上，是青龙位。前院里有两条用砖块墁成的路，一条通向对合式的正门，一条通向三间两搭厢的门。在前院内，倚墙种植着花卉和藤本植物，深深浅浅的绿色镶在白亮的粉墙上，给前院渲染出一种安谧祥和的气氛。院落正中紧靠前墙砌成一个4.2米长、1.7米宽的水池，用0.75米高的青石栏板围着，为蓄水养鱼之用。蓄水以防火灾，养鱼以观生灵。后庭院位于整个宅子的西南角，4.5米宽、8米长，面积36平方米，有二间半敞廊和三间敞厅傍着一片小池。敞厅的南侧，有门通书房及厨房。敞厅北侧有石阶可下至水面。敞廊宽1.7米，位于池的东侧，美人靠微微向水池探出，倚栏临池，也可以有沧浪之思。其他两面用不很高的白粉墙围合，并有小门通向街巷。池内曾种植浅红的睡莲花，碧绿的叶子在粉墙的映照下格外生动。这小院被称为后花园，是极好的读书环境，反映出以淡泊、耕读相标榜的知识分子的文化心理和生活趣味。这样的住宅民国期间只建了2座，有幸的是，它们一直保存至今日。

另一座是叶桐所建的住宅，叶桐与叶凤朝为同一支派的叔伯兄弟，住宅的名字也叫"种德堂"。这座宅子坐落在有序堂西侧约40米处，坐南朝北，大门正对南塘及道峰山。主体建筑三进，左右两侧建辅助建筑，成为不十分规则的三条并列轴线。主体住宅的最后建有花园，长为17米，宽14米，占地为238平方米。据村人回忆，当年园中有金鱼池，种有花卉。花园可以通书房、卧室，为生活和读书创造了优雅的环境。现在花园已破坏，仅剩一片荒地①。

有些住户之间血缘关系很近，或为父子，或为兄弟，但住宅之间却因各种原因隔一道窄巷。为了往来方便，增进亲情，常常用过街楼来连接两幢住宅。在新叶村过街楼不少，这种形式的出现，一方面说明叶氏族人的生活方式的改变，即大家庭逐渐向小家庭转化，父母子女不再在一个庭院中生活。另一方面，则反映出村落中住宅用地的紧张，迫使一家人的生活空间分在小巷的两边。此外，过街楼的出现也反映了清代中叶以后住宅的第二层由只用于储藏变为主要居室的情况。

住宅用地紧张了，但人们仍不愿开辟新的房基地。按村民传统心理，靠近宗祠起码能向后世显示一种嫡系的地位。血缘亲疏成为划分住宅群组团的另一标准。为了将住宅挤在宗祠的四周，不得不舍弃花园，于是，有钱人将全部用心转向于住宅内部围绕天井的一圈装饰上，这也是建筑形制演变的一个重要特点。从现存的不同时期的住宅看，明代的住宅装饰主要运用在梁架的支撑上，花纹简洁明快，其他部位几乎没有雕饰，如华萼堂，这是目前明代建造的保留下来较好的住宅，但在当时仅属中下等。它的装饰很少，且牛腿尺度也小于清代及民国时所建的住宅。民国时所建的"是亦居"，牛腿高1.2米，宽0.6米，华萼堂的牛腿仅高0.6米，宽0.4米，为"是亦居"的一半。到清末及民国时期，住宅天井一圈从梁架到窗扇，大小木作全都装饰化了，越来越堆砌、浮华，而失掉了朴素的建筑风格。

---

① 1992年春已成为宅地。

三·住宅各部的使用功能及空间处理

■ 厅　堂

　　以三合院、四合院为基本形制的住宅，正屋明间（当地称中间）的厅堂通常不做门窗。它的空间直接与天井相接，连成一体。它是家庭生活、接待宾客的重要地方。通常大厅后墙前贴四块槛门，也称太师壁，或者就称槛门。高度直通楼板梁的下皮。或者在上面还有几十厘米高的一段拼枋子而成的横板，叫堂皮。一般槛门高2.7米，宽1.0米左右，素木，不做任何装饰。太师壁上部悬挂着放先人神主的架子。太师壁正中挂中堂，两侧有对联。壁前放一张十分华丽的长条案，（当地俗称"杠几"，像二人抬杠。）紧靠条案前放八仙桌，两侧置太师椅和茶几，给宾客坐。没有客人，妇女则在廊前做针线，孩子在廊前读书。家人都在这里聚合，过家常日子。对合式的住宅，天井四周都是宽敞的开放空间，是全体家庭成员整天活动的场所。梁上燕子呢喃，更有情趣。

　　堂屋又是礼仪中心，每逢年时节下，先人生辰、忌日，都要在厅堂中设供祭拜神主。婚娶之时，厅堂就成了重要的礼仪场所。新郎、新娘往祠堂、祖坟礼拜认祖后，回到家中在堂屋拜见长辈、平辈。仪式结束后，婆家还要宴请各方宾客。重要的客人在厅堂中就餐，次要的在厢房或厨房内。（图2-26～图34）

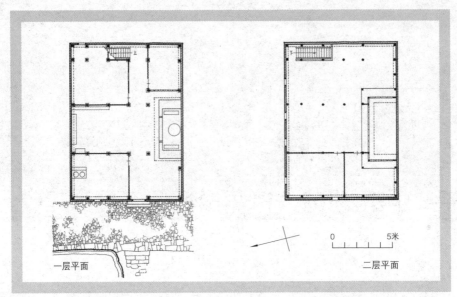

一层平面

0　　　　5米

二层平面

（图2-26） 是亦居住宅一层、二层平面

华山毓秀

0　1　2米

（图2-27） 是亦居
住宅大门立面、剖面

（图2-28） 是亦居住宅厢房正面

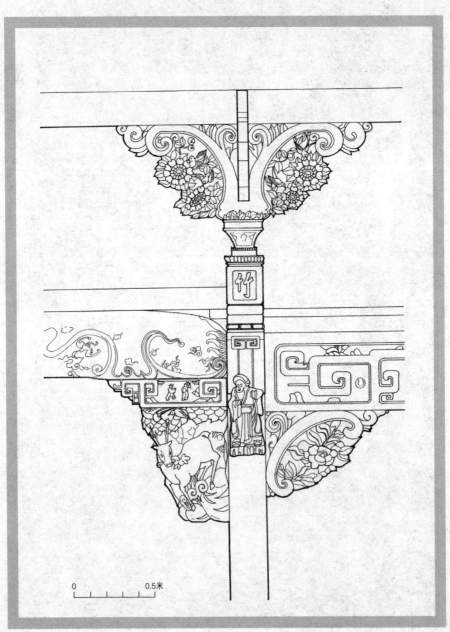

0 　　　　0.5米

（图2-29）　是亦居住宅外檐牛腿正面

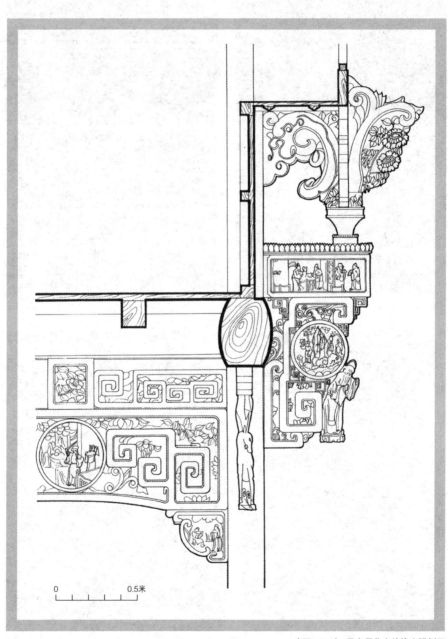

0   0.5米

（图2-30） 是亦居住宅外檐牛腿侧面

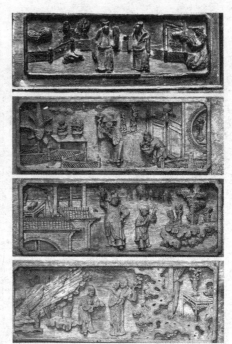

（图2-31） 三间两搭厢住宅厢房

（图2-32） 住宅花板

（图2-33） 三间两搭厢住宅也有做成敞厢式

　　长辈过世，有些将棺木停放在家中堂屋，设祭奠，每七天举行一次悼念仪式，长的可达七次，前后七七四十九天。头七、三七、断七都有宴席，设在堂屋或厢房内。有些人家，为等待夫妇同时合葬，将先逝者的棺木在太师壁后用木板封护起来，停放可达一二十年。厅堂也是进行家教、执行家规的场所，甚至到了近代，孩子考试不及格，也还要在堂屋里面向外跪下。所以厅堂是充满人情味的喜庆场所，也是家庭中最严肃的礼仪场所。它的功能，相当一个具体而微的祠堂，是宗法制的象征。

■ 卧 室

　　卧室通常位于住宅的次间（当地称"边间"）和厢房。对合式住宅，后进次间的卧室称"上房"，前进的称"下房"。在次间与厢房之间有一条窄而短的夹道，俗称"四尺弄"。这里光线微弱，次间的门开在次间宽于厢房的那位置上，次间的窗对着弄子，由于弄子本身光线不足，加上卧室进深较大，通常为4～6

米，室内昏暗，通风极差。所以除睡眠外，居民不进卧室。因而公共空间在整个住宅中有很重要的作用。而北方农村住宅，明间多为灶堂，两侧靠墙起灶，次间，梢间为起居室兼卧室。卧室内一条通炕靠窗而建，整个住宅居室中，炕所处的位置光线最充足，冬季这里最暖和，透过纸窗上的小玻璃可直接看到户外，妇女做针线，孩子读书，来了客人撩开门帘就上炕。卧室又兼公共活动场所。以至于孵小鸡，发豆子，育地瓜秧，都在这里进行，这里成了劳作场所。因此，多用的公共活动空间比起南方村宅来相应减少很多。

民居＼面积	总建筑面积（平方米）	卧室面积（平方米）	公用面积（平方米）	卧室面积百分比（%）
华萼堂	582	56	151	10
是亦居	247	60	167	27
培桂堂	544	97	362	18
叶根荣宅	189	52.4	136	27
北京四合院	247	138	60	52

　　另外，在私有制农业经济条件下，家庭实际就是一个劳作场所和仓库，在这里要选种、要贮藏、要剁猪草、要编箩筐，阴雨天，晾晒稻谷有时也只能在自家大厅之内。还要堆存农具。人们担着大筐进出，回旋余地要大，因此整个住宅中，多用途的公共空间所占比例更要很大，而卧室的比例相应很小。如华萼堂住宅，总建筑面积为582平方米，其中卧室面积为56平方米，占整个建筑面积的10%左右，又如培桂堂总建筑面积为544平方米，卧室面积为97平方米，占整个建筑面积的18%左右，而将住宅平均起来，多用途面积与卧室面积比约为2：1。公共活动空间大，又全部向天井开放，十分宽敞通畅，居民的日常生活还比较舒适。（图2-35）

　　卧室常铺木地板，墙面有称为吸壁樘门的木护墙板，比较干燥干净。

（图2-35）手抱一盆火，吃着苞芦馃，皇帝老子不如我

▪ 天　井

　　新叶村的三合院、四合院的天井十分狭窄，大的天井不过4米×2.5米，小的天井只有4米×1.25米，甚至3.1米×0.9米。而四面的房屋很紧凑，有两层，连为一体，因此天井显得像一条缝。它只具备房间采光、通风、集汇雨水，排除烟尘等功用。

　　南方纬度低，夏季炎热、潮湿，阳光照射高度角大，时间长，缩小院落成为天井，有利于形成荫凉环境，冬季也不致因风雪而影响起居、家务。除此之外，天井还是整个住宅建筑空间的一部分，与室内空间相渗透、相混一，比北方的四合院，住宅的整体感更强。因此也不觉得天井过于狭隘。

　　由于天井本身很狭小，风沙尘埃对住宅中的干扰也较小，因此厅堂的前檐才有可能根本不设装修。这种外形封实而内部空间通畅的住宅模式，表现出强烈的向心性，反映了也培养了宗法制度下人们强烈的家族观念。

　　白天，妇女和儿童在开敞的厅堂内、廊下和作为门厅的厢房内活动，与天井没有任何间隔。但一般并不到天井活动。天井潮湿，地上长青苔，四周有深深的排水沟，还用石板搭起架子置兰、桂、珠兰等盆栽和石水缸，没有立足之地。夏季用竹帘搭起天棚，以防阳光直射，既凉爽，又保护花卉。天棚把花香留住，全宅香气浓郁之至。天棚上的竹帘可以舒卷，用绳子操作，绳子下端系在石坠上，石坠雕刻得十分漂亮。天棚竹帘在晚间或阴雨天卷起。（图2-36～图2-37）

（图2-36） 住宅立面

（图2-37） 住宅马头墙

■ 厨 房

厨房大多不建在住宅主
体单元里，当一套三合院或
四合院的单元建成后，厨房
及其他辅助房屋就盖在主体
建筑之外，紧贴主体住宅，
单层一面坡，有门与主建筑
相通。厨房所占之地，大多
是房基地上除去主体单元后
所剩的不规则地段，所以形
状往往不规则。将厨房等辅
助房屋建在住宅主体之外，
是为了住宅本身保持一个完
整的格局和整洁的环境。厨
房关系一家人的吃喝，位置

（图2-38）做清明馃

十分重要，常要请风水师看吉向后选定。新叶村至今还流传着培桂堂一家因选好
了厨房吉向，发了大财的无稽的故事。

新叶村住宅中的厨房，小一点的，面积与厅堂一间差不多或更大。使用长工、
短工的人家，厨房有时建两个。厨房面积大小主要是它的使用功能决定的。在新叶
村这类商品经济不发达的乡下，厨房的功能很多。除了日常做饭，还要做豆腐、压
豆皮、舂米、酿水酒、腌咸菜；到了年节时，还要打年糕，磨糯米粉。简直就是一
个家庭作坊。厨房还要天天煮大量的猪食。一些地主人家，常雇有长工、佣人，吃
饭的人口有时多达十几人，厨房兼作餐厅，自然也要大些或分成两处。

厨房里的设施也因功能的多样而增多。除了餐桌、餐具柜等之外，还有水
缸、粮缸、酒缸、年糕缸和咸菜缸，还有石磨和石臼。梁上吊着大小篮子，放食
物，防鼠、蚁、蟑螂等。厨房很大，在住宅中，厨房面积最大的，约占总建筑面

积40％左右。培桂堂总建筑面积544平方米，厨房面积85平方米，最小的厨房如是亦居，总建筑面积247平方米，厨房面积只有20平方米，约占总面积的10％左右。大户人家有把厨房建成三间两搭厢的偏屋的，下层做厨房，上层住佣人和帮工。厨房之外，还要有很大的柴屋。（图2-38）

　　灶在厨房的一边，多用柴火灶，灶台后面为烧火的灶口，旁边堆放着一捆捆的柴草。存放柴草有单独的柴房，灶的前面为灶台，灶台没有统一朝向，依据使用方便为宜，也有看风水的。有安置两口锅的，也有安置三口锅的，大的一口煮猪食。灶的最外侧为烟囱，紧靠烟囱的为神龛，贴灶王像，两边贴上谀神的对联："上天言好事，下界保平安"，横批是"一家之主"或"东厨司命"，龛前为放香烛供品的小台子，如此层层低落，形成台阶形。

■ 书 房

　　玉华叶氏家族自创业之始就十分重视读书，在一些明、清遗留下来的老宅中，常有一间书斋。如建于明成化年间的叶良鲸住宅，三间两搭厢，坐西面东，建在崇仁堂前梅园的小丘上，右侧是崇仁堂宗祠前半月形的水塘。它有一间书斋，临池赏梅，于是取名梅月斋。宗谱里有叶良鲸写的《梅月斋》[①]诗：

> 筑傍幽林爱养真，种梅留月助诗神。
>
> 清辉溢处琴由润，疏影横时句得新。
>
> 太液池边光彻夜，罗浮梦里暖回春。
>
> 调羹无上休相问，留待黄昏伴隐身。

----

① 斋主人叶良鲸号梅月翁。

同住宅建在一起而单成一区的书房很普遍。清初康熙年间的叶有文在家里有一间书房。宗谱《华山公传》云："师重乐之意而建云起山房并合璧书屋，延当世鸿儒钜公讲明仁山之学、东谷之遗，旁及举子业。"书房或在整个住宅安谧僻静的侧院，或与小花园相连，如前述叶凤朝住宅、叶桐住宅等。书房一边连花园，一边连住宅，生活趣味十分高雅。经济条件一般的则多以一间厢房为书房。厢房是整个住宅里光线最好的房间，它以整整一开间的六扇槅扇窗面对天井，所以很宜于当书房。

■ 楼 层

由于南方气候阴湿，人家多把楼上做储藏用，取其干燥，如囤放粮食、农作物、种子、农具、木材等。楼板和梁架都很简陋。因为夏季极闷热，早期一般不在楼上住人。楼层的层高很低，明清时代的，甚至不容人直立。

后来，渐渐发觉楼上高爽，宜于健康，就在楼上居住，楼层因而增高，贴墙也做了"樘板"（称"吸壁樘门"），楼板也有用两层木板的了。楼下仅作日间起居和会客之用，且外人不得上楼。

一般住宅内都有固定的木楼梯。在次间的外侧加一米多宽的一条楼梯弄设置楼梯。这种正屋称"三间一弄"。楼梯都不做扶手。有些住宅，楼梯弄夹在堂屋的太师壁后，叫做堂后弄，由太师壁左侧开门。

即使在住人之后，楼上仍兼作储藏之用，尤其是必有一个粮仓，或称粮柜。每年大秋之后，便将收获的粮食一担担用箩筐挑上楼。粮仓是一种拼合式的柜子，底部做成一个长方形的固定底座，四角的方柱有槽口。柜壁的活动木板按固定顺序水平地一块块将两端插入角柱上的槽口，随粮食堆积高度而加减木板，粮食存放得越多，粮柜自然也越高。也有些粮仓，三面为建筑的固定板壁，前面为活动木板。为求个吉祥，每年秋收储藏新粮时，都要在粮柜上贴上大红的"吉方"。如"年年有余"，"五谷丰登"等，还要在大门或住宅门的墙上挂上一把稻穗。

■ 厕　所

房舍不论大小，居家不管贫富，住宅内部均不设厕所。在南方，农业多以水田为主，长年需要大量稀释的水肥，所以重视积尿肥，农民的家中都用粪桶，不时担出倒入宅旁自家的茅房。在村子里，街头巷尾设置许多各家私有的茅房。茅房下置大粪缸，上设木架厕位，外面稍加拦围。缸内积肥沤肥，当人们需要肥料时，便从这些粪缸中取用。缸大而气秽，不能放在宅内，所以茅房都在外面。

宋代陈甫《农书•粪田之宜篇》说："凡农居之侧，必置粪屋，以壮新沃之壤。"可见这类厕所至少早在宋代就已经如此了。

■ 院门、宅门

门可分为"院门"、"宅门"。新叶村有院落的住宅比较少，多为一出宅门便到了街巷。晚期有前院的住宅，才有院门。院门和宅门都是住宅外观最重要的焦点。院门多为单独的门台，双柱或四柱，前后檐。叶凤朝宅的院门至今完好，为四柱。

乡民们十分注意对自家宅门的装点修饰。在村落的景观中，住宅的个体消失了，只有大片连成一体的白粉墙，要想从长长的、高大呆板的白粉墙中标志出自己的家，只有在入口，即门头处上下功夫，通过门头的形式和装饰，强调出住宅个体。而一些大户则也利用装扮门头来显示自家的富有。新叶村内沿曲折的小巷两侧跳动着一座座门脸，形成一幅幅十分丰富而有韵律美的图画。石库门、木披檐、凹进去、凸出来，做雕刻、画彩饰、贴门联、挂艾蒲，将整条巷子装扮得楚楚可人，活泼生动。（图2-39～图2-40）

（图2-39） 街巷空间

（图2-40） 残存的住宅大门

　　由于南方雨水较多，住宅地平抬高，入门都有二三步台阶，再加上一道石门槛，以防雨水流入。有的巷子有上下坡，所以住宅门前有时要做很多步台阶。为避免阻断巷子，就有一些处理。这些台阶也能丰富巷子的景观。

　　新叶村的石库门很普遍，约占宅门的四分之一。它的做法是，门洞左右和上边都有石条，与砖墙摆平，也有突出于墙面形成线脚的。石框素面无雕饰，上部两个阴角常做成海棠瓣状或者再加一个枭混线。在门额上方要绘八卦加太师剑或虎头加太师剑以避邪。也有题写门额字匾的，如"群峰会秀"、"芝兰挺秀"、"桂馥兰芳"、"渔樵耕读"等。极少数的以方砖浅刻字匾。大多在门额彩饰图案或字匾之上再加一个披檐，披檐的牛腿、斜撑等木构件雕刻极其细密华丽，不但装饰了住宅，也装饰了街巷。少数的，在门额上做一道砖楣，当地叫做"泛檐"，由牙子、线脚和窄窄的瓦檐和檐口勾头滴水组成，重重叠叠，也很华丽。大门两侧的竖立石条下端有门枕石，当地叫"门臼"，是承托门扇的立轴的。门枕石做工简单，以方形居多，偶尔也能看到一两个简单花饰的。门扇立轴的上端插入连楹，当地叫"掩死"。连楹有木的，有石的。石连楹是与门梁合一的整根构件，而且外形作很流畅的组合曲线。甚至有在石门梁的底面中央雕花，花中凿通一个曲孔，用来挂灯笼的，做工十分精致。宅门的门槛夹在门枕石之间，它下面有一块石"门垫"。门垫与户内地面齐平，在户外则是台阶的最后一步。它的两端压在门枕石下，下方用平整的石块衬垫，把整个门垫下面架空。在它前面竖一块大约只有5厘米厚的石板，挡住这空的部分。再往下就是正常的用做踏步的大石块了。如果门垫石条下面不架空，两端受到来自上面的重压，中央会受到下面的抵顶，产生一个很大的反弯矩，石条很容易断裂。而石条架空，就避免了产生反弯矩，这个设计十分合理。

大型住宅的宅门多为双开扇，每扇宽0.5米左右，高2.4米左右。门扇外层有时包铁皮并钉铁钉，钉头排成图案纹样。门外1米多高有一对门钹，多为六角形，上有门环，是拍门用的。锁门另有"铁弄"，又称为"箭"，水平地穿过两个门扇上的各两个铁环，在前端有孔挂锁。门内有门栓，有横栓和立栓，立栓比较牢靠，上端插入连楹的孔内，下端有臼。简易的披屋等，用单扇门，门扇宽0.65米左右。

石库门双扇	芝兰挺秀	高2.46米	宽1.12米	普通宅门双扇	惠风和畅	高2.41米	宽1.05米
	群峰会秀	高2.00米	宽1.25米		是亦居	高2.20米	宽1.10米
	住宅A	高2.10米	宽1.09米		叶质彬宅	高2.41米	宽1.24米
	住宅B	高2.40米	宽1.05米		住宅C	高2.20米	宽1.09米

紧临街巷的住宅在板门外还常加一个半人高的矮门，称为"六离门"，平时打开板门扇采光通风，关着矮门以分隔户内外。六离门种类很多，有实板起线

的，有签子门式的，也有空花格状的，最常见的是大半为实板，在上部做一溜浅雕花饰。六离门安在两侧的木梃上，木梃紧贴石门框，上端顶住梅花角和枭混线脚。在门楣下大约20～30厘米，有一根小小的梁卡住这两根木梃。小梁叫门梁（帘）架，作优美的曲线，上有浅浮雕。

在住宅建筑里，大门很重要，在它身上积淀着深厚的文化传统。风水术士们说，门的位置、朝向、形式、装饰，往往关系到住户的吉凶祸福。为避免邪祟，除了在门额上方、披檐之下常画有太极八卦图、虎头、太师剑之类外，还常挂一面照妖镜或者安装三只向前刺出的三齿钢叉。"是亦居"大门朝西，面对玉华山，风水术士说山顶悬岩"太硬"，不吉，于是在门额上挂虎头和它对抗，消除不吉。因为大门不能正对别人家大门或中堂正脊或者墙角，否则要犯煞，因此常常看到在正路上出现的扭转角度的门、斜门、歪门，例如种德堂的院门，他与主体住宅方向偏角约30°左右。门梁上贴符、门扇上贴门神，也被认为有驱邪祈福的功能。《阳宅十书·论符镇第十》云："修宅造门非甚有力家难以卒办。纵有力者，非迟延岁月亦难遂成。若宅兆既凶，又岁月难待，惟符镇法可得平安。"此外，还常有用"泰山石敢当"避凶邪的。

宅门也是表现住户的文化素养、门第家风、理想追求的地方。门额之上有"渔樵耕读"、"积善之家"、"兰馥桂芳"一类比较固定的题字或者砖刻。逢年过节，喜庆吉日，还要贴上新的"吉方"和大红门联。这些门符、门联的内容很丰富，有颂赞"吉庆有余"、"福禄寿禧"的；有鼓励家人读书进取，勤俭致富的；有宣扬处世哲学和伦理纲常的，也有赞美自然景观的。如：

风调雨顺，年年有余。

和气万事成，孝悌双亲乐。

读可荣身耕可富，勤能创业俭能盈。

门外青山水流秀，户内人家财源兴。

以文常会友，惟德自成邻。

雨浇桃杏红欲滴，日烘杨柳绿初浮。

遇到家中有人辞世，门联要用绿色、蓝色纸张①，内容也随之更换，如：

　　天下皆春色，吾门独素风。

　　思亲腊尽情无尽，望母春归人不归。

既为了表示哀悼，也为了给亲友打个招呼，不要在年时节下贸然进去，自找晦气。

即使是豆腐房、牛栏、猪圈的门扇上，为讨个吉祥，也要贴上吉方、门联，如：豆腐房的吉方为"磨珠结玉"，既形象又准确，字句十分优美。牛栏、猪圈的门扇上则为"槽头常兴旺，厩内永平安"、"六畜兴旺"等。（图2-41～图2-43）

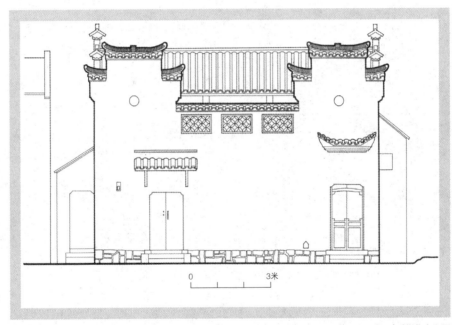

0　　　　　　3米

（图2-41）　叶质彬住宅立面

---

①　新叶一带风俗，家里人过世，第一年门联贴绿色纸，第二年贴蓝色纸，第三年才恢复正常，贴红色纸。

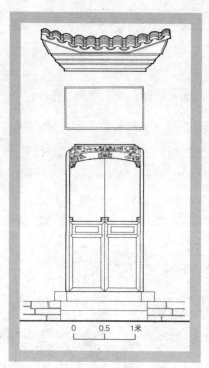

（图2-42）叶质彬住宅门头大样

■ 山 墙

围合住宅的高墙，大多是砖砌的空斗墙，夯土墙较少。墙外抹一层薄薄的白灰。

高墙的主要作用是隔断火源。一户失火，有墙的阻隔不易殃及邻家。在《古今图书集成·火灾部》中有这样的记载："由居民皆编竹之壁，久则干燥易于发火；又有用板壁者，天竹木皆酿火之具，而周回无墙垣之隔，宜乎比屋延烧，势不可止。一尝见江北地少林木，居民大率垒砖为之，四壁皆砖，罕被火患，间有被者，不过一家及数家而止。一今后若有火患，其用砖石者必不毁，其延烧者，必竹木者

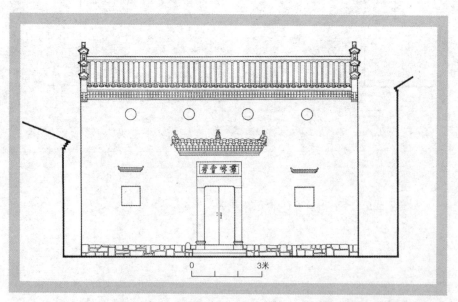

（图2-43）"群峰会秀"正立面

也。久之习俗既变，人不知有火患矣，此万年之利也。"可见这种营造方式的产生主要是源于防火的要求。抹一层白灰是为了防雨："垣既随庐，不得不峻，畏水易圮，涂白灰以御雨，非能费材而饰也。"

高大封闭的围墙的最有表现力的部分是山墙，造型丰富而别致，它顺从屋面斜坡，从屋脊向前后檐部层层迭落两层至三层。每层都在墙头上用小青瓦做成短檐和脊。脊上青瓦竖立排列，到墙的收头处慢慢向上翘起挑出并反卷。脊下两侧再做短短的瓦垅。在大片的白粉墙顶上，青色的脊参差错落，起伏变化，十分明快、活泼。这种迭落式的山墙，不但在正屋的两端有，在厢房的前端也有。所以村子里满眼都是高高低低的山墙，它们在青山绿树的衬映下跳动，使整个村落呈现出热热闹闹的、层次丰富的轮廓线①。但封闭的天井或住宅形制，使全村所见无非是墙，是墙之间的夹道、小巷也很单调。

在封火墙头的结束处，即墀头的位置，常绘有象征富贵、吉祥意义的图案，最常见的最富乡土气息的很写实的大公鸡和鲤鱼。鸡和鱼谐音"吉"和"余"，共同组成"吉庆有余"图案。公鸡和鲤鱼又是"功"和"利"的谐音，所以也有"功名富贵"的意思。

住宅底层外墙极少开窗，只在二层楼上的部位，高高地，有限地开几个小窗洞，形式以圆形方形为主，前者直径约50厘米，后者尺寸大约有50厘米×50厘米。偶然可见的有六角形、海棠形、葫芦形、蝴蝶形等等。这类小窗多数没有窗扇，也不用其他东西遮挡，只起通风采光作用。但讲究的人家，在这类窗洞内侧墙面上，上下各做一个木槽，将实板嵌在槽内，或双扇或单扇，左右推拉，启闭窗洞。也有少数开合式的窗扇，均为实板。这些小窗镶嵌在大片的白粉墙上，上面有一道青色的"泛檐"，打破了呆板统一，显得活泼清新。

---

① 文昌阁和五圣祠都有饱满的弧形封火山墙，轮廓极富弹性。它们与迭落式的封火山墙组合在一起，构图更加跌宕有致。

■ 住宅街巷

　　新叶村是先建房而后形成街巷。街巷是团组状的住宅群之间、或住宅群与祠堂之间的剩余部分，这剩余部分多做交通之用，形成街巷。巷子曲折多变，陌生人走进巷子里，会有一种进入迷阵的感觉，人们走在高高低低、曲曲折折的，像深沟一样的巷子内时，两侧都是高高的住宅或祠堂的墙壁。它们绵延不断，没有间歇，把一幢幢住宅连成一体。人们看不到独立完整的住宅，看不到有个性的建筑，看到的只是两道封闭的墙和夹在它们之间的狭窄的巷子，上面露着裂缝一样的天空。人们甚至会感到，村子是由这样的巷子组成的，而不是由房子组成的。这里的巷子通常高宽比为6∶1。如有序堂一侧巷子房屋高为9.3米，宽为1.6米。旋庆堂左侧小巷房屋高7.8米，宽1.5米，右侧巷子房屋高7.6米，宽1.1米。（图2-44～图2-46）

（图2-44）　新叶村南塘西侧就是祖山玉华山，村落住宅建在水塘边，水塘里倒映着山与宅

（图2-45） 村内街巷

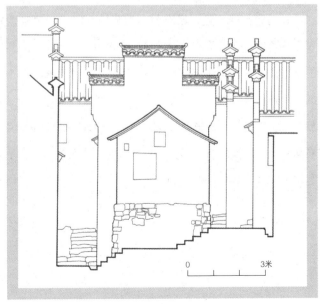

（图2-46） 住宅街巷剖面

小巷位置	高（平方米）	宽（平方米）	高宽比
崇仁堂左侧	8.0	0.9	9：1
崇仁堂右侧	8.0	1.1	8：1
住宅A面	7.6	1.1	7：1
住宅B面	9.3	2.0	4.6：1
有序堂右侧	9.3	1.6	6：1
有序堂左侧	5.0	1.5	3：1
住宅C间	7.6	2.1	3.6：1

　　新叶村的住宅围着高墙，内向封闭，也许是因为整个村落没有寨墙或其他什么防御性措施，乡民们不得不以一家一户为单位将自己的住宅修筑得防御性很强。因此住宅外面呈现的是墙高、门窗小而少，且不见屋顶的面貌。随高低起伏的地势忽而转折，忽而爬坡，因而层层叠叠的山墙，上上下下的台阶和形形色色的宅门披檐等等所组成的景观，步步都改变着构图。这就给幽深的小巷几分诱人的魅力。

　　在巷子的交汇处，常有些不规则的小空间，略略宽敞一些，明亮一些，只有走到这里才使人们稍稍摆脱了一点窄巷高墙的束缚，因而这里成为人们最喜爱的地方。住宅内部终年不见阳光，而这些小空间却可以见到一些，因此，吃饭时间，人们端着饭碗，三五成群，聚在这些小小的空地上，或蹲或站，讲述各自听到见到的新闻。老婆婆哄孩子，姑娘们打毛线，无拘无束。偶尔有挑担的也可以在这里歇脚、喘口气，跟人们打个招呼。人们在这里感到亲切，有人情味，它们缓解了阴暗的小巷的郁闷性格。

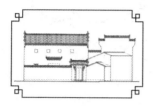

四·结构装修及建造

■ 大木构架

各地民居由于地理环境的差异，使用建筑材料及构架方式均不同，有用木结构承重，有用砖石墙承重，也有使用夯土结构承重的。

新叶村位于浅山区，四周有起伏的丘陵和山脉，林木资源十分丰富，几百年来这里都沿用着传统的木构体系。石墙和砖墙只起围护和分隔作用。但也有一些非正规的房屋由山墙承重，直接架檩子和楼板梁。

新叶村的各种建筑均为三开间，四榀屋架（当地叫拼架），中间两榀称中榀，两山墙位置称边榀。中榀为抬梁式，边榀为穿斗式。中榀梁架由两根金柱（当地称前后大金柱）、两根檐柱（当地称前后小步柱）组成，金柱之间架主梁（当地称大梁），一般为五架梁。金柱与檐柱间架小梁（当地称冬瓜梁），构成前后廊。边榀为五柱，即多一棵中央的栋柱。水平构件穿通柱身称为"抽"。在各榀屋架间，横向连接的构件，主要是梁上的檩子（当地称桁条）和柱头间的枋子（当地称梁），有时在柱下端有地梁（相当于地栿或下槛）拉接。在住宅中，横向连系的构件除了檩子和枋子外，还有楼板梁及周圈的地梁。

明间（当地称中间）是建筑中最重要的部位，因此一般明间檐柱间的横枋（当地称骑门梁）都要比次间横枋（当地称做皮梁）略高一些，有时甚至省去，使明间爽亮。为了获得开敞的明间，住宅的厢房和祠堂的廊屋进深还都要比正屋的次间（当地称边间）缩小约0.7米，让夹在中间的天井略微宽大些，免使正屋次间的房门被挡住。厢房或廊屋的檐枋架在前后层次间的檐枋上，当地称做过海梁。在纵横的檐枋搭接处，为加强节点的装饰性，下部做成垂莲柱（当地叫荷花柱）。垂莲柱样式很多，有花篮式，有花卉式，有"瓜"式还有几何纹式的，以荷花式为多，具有很强的效果。

住宅多为二层，楼板梁（称楼下梁）规整，以干梁为主，刻有花饰；也有做穿过金柱的"抽"（称硬抽）的。二层楼上虽不作天棚，但屋架仍为草架，因为宾客从不到二层楼上。

在公共建筑中，如宗祠、庙宇都使用斗栱，作装饰化处理。住宅中几乎没有，偶有使用也是将其形式异变，大多成卷草纹样。

祠堂大厅通常不设楼层，但脊檩（当地叫栋梁）高度却同有楼层的住宅高度相近，因此住宅内光线较暗，显得拥挤，而祠堂高大敞阔，庄重肃穆。如下表：

	名　称	第一进	第二进	第三进	第四进	年代
祠堂高度	有序堂	8米	8.7米	7.8米	/	民国
	崇仁堂	7米	8米	8.5米	9.4米	清末
住宅高度	种德堂	8.5米	8.5米	/	/	清末
	华萼堂	7米	9米	/	/	明代

■ 大木构件

❶ 屋架由柱、梁、枋、檩、斗栱组成，按当地工匠的叫法，前后檐柱称为前小步柱，后小步柱。中间两根金柱称前后大金柱。山墙穿斗架的中柱称栋柱，柱子以圆木柱为主。

❷ 露明的抬梁式屋架，有两种做法，一种用月梁（当地叫冬瓜梁），曲线优美

流畅，造型饱满生动，具有柔和朴素的美。使用这种梁架的建筑，建造时间较早，如新叶村现存的西山祠堂的大厅中还保留有一半，崇仁堂大厅和五圣庙也都有。另一种用平梁，它们没有月梁的柔和的曲面，截面为长方形，很高，显得呆板，在梁的两个侧面上有规则的回纹浅雕。如有序堂的五架梁和三架梁。住宅中的"是亦居"及叶根梁住宅大梁也是此类做法。

月梁的高宽比大多为1∶1或1∶0.8，多是几块木料拼合而成的。

平梁的高宽比约为2∶1。

住宅中也有使用比较简单的月梁的，它的高宽比约为2∶1。

在新叶村，屋架间横向联系构件较少，一般有檩子和柱头间的枋子。一些祠堂的祀厅，如有序堂，为明间高敞，在檐檩之下不再做枋子（骑门梁），而两次间则照常做枋子（皮梁），搭两厢的过海梁。在屋架中常见有在檩下或枋下又加几十厘米高的枋板的，《营造法源》中称为"夹堂板"，用料十分细弱。当地称为"皮"，堂屋前后檐或太师壁上面的，叫"堂皮"，其余一律叫"抽皮"，因为都穿过柱身。一般檩径为25～35厘米，枋板厚约15厘米，高度变化很大。由于上部横向拉结构件少，在柱下常做下槛（当地叫地梁）。住宅中四周下槛交圈连通，分隔房间的板壁下也有下槛，均为木质，粗约30厘米×20厘米，使屋架之间的联系成为框架形式。公共建筑中为使大厅地面平整，不做周圈下槛，而在后檐柱间的上部常有50～70厘米高的"抽皮"与两柱连接，以增强柱与柱间的关系。

椽子（当地称椽树）用直径约7～10厘米的自然木料，略取直，密排。

❸ 在抬梁式屋架椽子下面的三角形空隙内，常装饰一块或一对团团环曲的构件，由整块木料雕成蝙蝠形（当地叫老鼠皮叶），复杂而生动，极富装饰性。一方面斜向起加固梁架的作用；另一方面以环曲自由的形式与梁柱的方正平直对比，共同组成紧凑、饱满且富于变化的构图，使梁架成为整个厅堂空间中巨大的装饰因素。

檐柱外侧往往有一套雕饰精致的牛腿支承挑檐檩（当地称小步桁）和住宅中出挑的楼层坐窗。这是建筑中最华丽的部分，十分复杂而夸张。

❹ 大木构架中，横向连接的构件少，且多为平行构件，所以屋架整体性较弱。

时间稍长，会有榫头松动，拔榫、脱榫，以至出现坍塌的危险。为增强榫卯之间的强度，在木构架榫卯结合处采用了一种小构件"木簪"，它断面是方的，一头粗，一头细，很像旧时妇女们头上插的"玉簪"。木构件在搭接之前与做榫卯同时便凿上方孔，搭接就位后立即将木簪子穿入，栓牢榫卯。较粗大的构件要穿三四个簪子。簪子在木构架上应用十分广泛，大到梁、柱、檩、枋，小至楼梯踏步，凡有榫卯之处都必不可少，起到了加强节点强度的作用。木簪两端外露，尾端露出达十余厘米，在构架上很显眼。

❺ 新叶村建筑中，柱础（当地叫柱礅）均为石质，形式不多，普通住宅均为鼓形柱础、方形柱顶石（当地叫平礅）。公共建筑中，柱础式样稍多一些，有方形、圆形、香炉形，有素的、雕花的，并有明显的等级差异。

■ 举 架

屋面曲线的形式，取决于平面尺寸、檐檩高度及举架方法。

当地工匠称屋面坡度的做法为"分水"，"分水"共有十种，即三五分水、四分水、四五分水、五分水、五五分水、六分水、七分水、八分水、九分水、十分水。分水就是步架与举高的比例关系。三五分水，即步架为10，举高为3.5。而十分水则是步架为10，举高也为10。其他分水照此规则计算。

屋架坡度按两个相邻檩子的上皮计算，进深小的建筑，从檐檩到第二根檩的坡度为四分水，进深大的祠堂一般为三五分水，接着向上是四分水、四五分水、五分水……最后一步通常至七分水，七分水以上很少用，十分水多用于亭子或楼阁之类。如果檩数较多，可依具体情况，中间减少分水数。新叶村的建筑普遍进深不很大，七檩或九檩就足够了，因此屋面坡度为四、五、六分水或四、五、六、七分水。个别的大型祠堂的大厅通进深很大，因此最后一步用十分水。由于屋面是由一段段的坡面相接，下缓上陡，从而形成一种曲面，既柔和又能利于排除雨水。遗憾的是这种屋面全部被高大的封火墙挡住了，几乎不引人注意，没有成为房屋外形的重要因素。

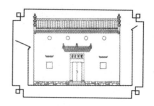

五·装修和家具

新叶村公共建筑的装修不多，装修主要用在住宅里。官学堂和文昌阁有些槅扇窗，祠堂只有神橱有精细的装修。

现存的几幢明代住宅，都不是当时的大宅，它们的装修很简单。如"华萼堂"、"梅月斋"，楼上楼下，面向天井的一面都用板壁，木板竖向排列，钉压缝条。板壁上开长方形窗，窗口很小，窗扇也是实拼板的。

■ 窗

清代的住宅，装修已经精细多了，注意装饰效果。底层，正屋明间根本没有门窗，全面向天井敞开。厢房的正面，除了当门厅时也没有门窗而全面敞开外，一般都是装修装饰化的重点。通常的做法是：下面垒槛墙，中段为六扇槅扇窗，上部是一段横披窗。窗槅扇的棂子是细木条，向外的一面做成凸出的弧面，加工很精致。格心图案变化很多，但无非两大类，一类是棂子纵横组织而成，一类是冰裂纹。前一类在棂子之间的空隙里有嵌小雕饰的，后一类则偶然在棂子结合点上嵌小雕饰。两类里都有一种做法，就是在格心中央镶一块刻着浮雕的木板，加上边框，叫做花板。槅扇的上下都有花板（即官式建筑中绦环板位置），刻薄薄的浮雕。大约到了民国年间，窗槅扇不再做全面有棂子的格心，而代之以平板玻璃。常在玻璃四周或上下两端做窄窄的一条空透的木雕装饰板。横披窗不能开启，只供采光，通常左右分为三段，都用细棂子做全幅的图案。在它们的中央，有一个细木框子，有的镶玻璃，有的镶浮雕花板，轮廓变化很自由，大多数是曲线的，有扇面形、书卷形、团扇形、壶形，等等。横披窗面积大，又无须考虑开启，所以装饰性远远大于槅扇窗。（图2-47～图2-49）

（图2-47）横批窗大

（图2-48） 是亦居住宅槅扇花板山水花鸟造型

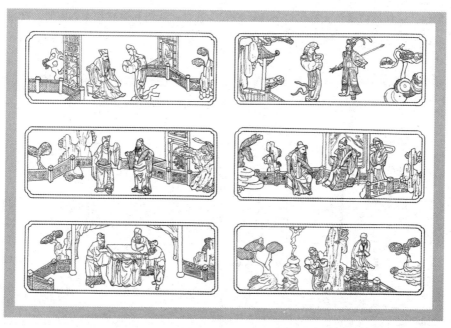

（图2-49） 是亦居住宅槅扇花板戏曲造型

正房明间的楼上，有时还加上厢房的楼上，前檐向前挑出"坐窗"，就是从槛墙以上挑出大约40～50厘米，形成悬窗。楼上的槛墙其实是板壁，在它的外表面有时贴上一带栏杆状的木棂花格。还有一些住宅，并不挑出坐窗，而只挑出一排栏杆，空透玲珑，更有装饰意味。

■ 楦 门

新叶村的一种特殊装修是楦门。几乎所有的住宅，内部都满设木护墙板。这种护墙板做成一块块的大木板屉子，由边框、腰串和板子组成，以平整光洁的一面朝外，用销子安装在固定在墙上的枋子上，可装可卸，称为"吸壁楦门"。每开间设四扇，每扇宽度为开间的四分之一，进深方向的楦门的宽度与开间方向的约略近似。楦门也被用来作住宅的隔断，如明间的堂屋与次间的卧室之间，卧室分前后间，也用楦门做隔断。堂屋的太师壁也是四扇楦门，太师壁有时被直呼为楦门。这种楦门素色无雕饰、干净、整齐、朴素，颜色和质感都柔和温暖，非常适用于日常的居住环境。（图2-50～图2-53）

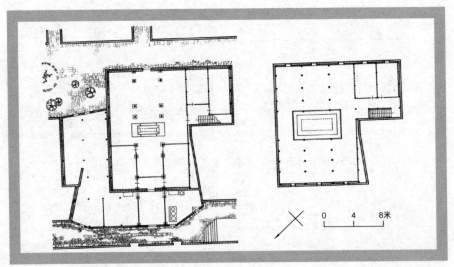

0 4 8米

（图2-50）培桂堂一层、二层平面

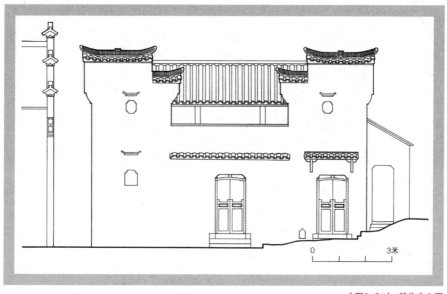

（图2-51） 某住宅立面

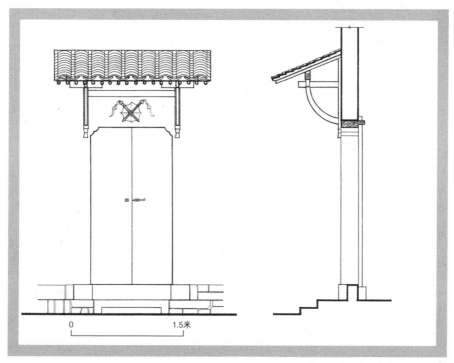

（图2-52） 有序堂前住宅门头大样

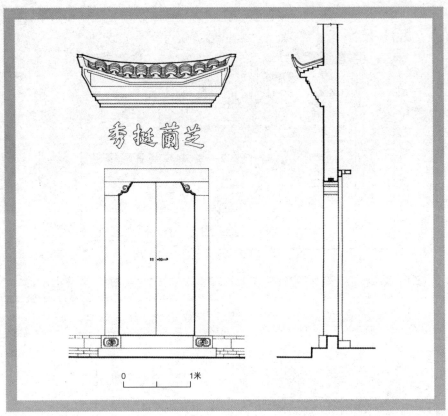

秀挺蘭芝

（图2-53） 芝兰挺秀正立面

■ 地　板

　　为防潮保温，住宅底层中作卧室的次间和厢房多铺木地板。它比堂屋的地平要提高约30～40厘米，地板下做木梁或硬抽支撑。楼板梁常是复合的，下面一根较大，称楼下梁或硬抽，上面一根直接承楼板，称梁背或搁整，用来找平楼板。为便于通风，在四周做通风口，一间一般做两至三个，口上箅子有的做成金钱纹。考究一点的住宅，地板板条侧面做企口，为"雌雄缝"或"高低缝"。更有钱的人家，做两层甚至三层板，层层企口。早期，楼板很粗糙，清代末期，楼上设卧室之后，楼板做法也讲究起来，质量好的，泼水不漏。冬季木地板隔寒气，夏季梅雨季节，木地板又能防潮，保持室内的干燥。

■ 家　具

正屋明间的厅堂是住宅的核心，地位十分重要。因此不论富豪之家还是寻常百姓之家，厅堂的布置都严守祖上的风俗规矩。后墙前必定放置一个宽40厘米左右，长200厘米左右，高100厘米左右的长条案，当地称"杠几"。案两端有做成平直的，也有做成书卷式卷曲向上的。下面每边做一个柜斗，也有不做柜斗而沿案面之下做一排抽屉的。更有用镂空花板做杠架的。在柜斗面、抽屉面或花板上雕繁密的装饰，大多是戏曲故事、花卉，或吉祥图案，条案前是八仙桌，两侧放太师椅，椅背往往是装饰的重点。富裕的人家要在条案上放置座钟、插屏、大掸瓶，也有供奉先人遗像或牌位的。

住宅卧室家具差异很大，它不像厅堂由于礼仪的要求必须制备成套，而是随各家经济条件来决定。富庶的大户卧室家具十分考究。床榻有大床和藤床。大床四角立柱，上有帐架，正面有细木罩，雕饰华丽。夏季气候炎热，有时挂上稀疏的凉帐。藤床以藤篾织床屉，四周空敞不封闭，也有帐架及踏板，档次质量低，富户一般不用。

厨房中要有橱柜，碗柜。碗柜注意通风，放干净碗碟处以木棂代屉板，并使碗碟侧立，便于排出剩水。放熟食处则密闭，防蝇和鼠。

读书人在书房要有书桌、书箱、茶几、棋案等。

卧室家具按照新叶村一带的风俗，应该是新娘的陪嫁，每逢嫁娶的前两三天，娘家就要择吉将卧室所用家具妆奁移至男家。这些家具油漆成暗红色，漆面光亮可鉴，上绘金漆图案，有雕刻的地方还贴金。有的不做雕刻而画上一些纹样。

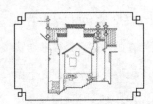

六·砖瓦石作

■ 地面与墙体的做法

❶ 地面做法与整个住宅规格大体一致，精致一点的住宅，作为卧室的次间地面和厢房地面做木地板，其他部分，如堂屋、厨房和廊下地面做三合土或墁砖。质量比较低的住宅不做木地板。三合土不但经济，而且十分坚固，它用紫砂泥加石灰夯拍而成，很密实，表面反复压得又平又亮，时间一长，柔和的紫砂泥地面泛出一层暗光，与室内木装修的色彩十分和谐。因此住宅中使用很普遍。

祠堂铺地多用砖，长方形或正方形，顺排，相邻的两排错缝半块铺砌。

❷ 建筑的墙体多为空斗砖墙，只作围护用，不承重。只有勒脚用实砖砌筑，或用大块毛石砌筑，高度60～70厘米。墙头有压檐。砖的长宽厚大约为26厘米×14厘米×1.5厘米。内外墙面都抹薄薄一层白灰。整个墙体厚度约为26厘米。宗祠的大厅堂，在墙垣内侧再贴砌一层面砖，叫吸壁面砖。它外面抹一层青灰，灰面上再划出白色格子，形同砖缝而其实与砖缝无关。

砖的价格较贵，一些低质量的住宅全部用毛石砌墙。厕所、柴草房、牛棚、猪圈等辅助性建筑多用夯土墙。夯土墙在当地气候条件下，一般只能维持十几年，而且表面粗糙，因此很少用于住宅本身。

墙垣脱离构架而独立，面积大而高时，稳定性很差，因此常常在靠墙的柱子与墙之间拉上"牵子"，即一根木杆，穿过墙壁，内端固定在墙内构件上，在墙体外侧穿过木或铁的垫板（长约50厘米，宽约15厘米）之后，再以木簪横向穿过拉杆的末端，让墙体与木构架拉紧连成一个整体。

③ 天井

天井又叫明堂，在建筑中至关重要，全用青石铺砌。它周缘房屋台明的收边的一圈石条叫明堂石。天井周围有一条约30厘米深，约30厘米宽的排水沟，叫明堂沟，以至中央呈台状，叫月台，在大祠堂中，为了美观，还将这部分凸起的月台做成中间略高，四周略低相差十余厘米的弧面，显得丰满柔和。排水沟每面卡有两块雕刻简洁的小石板，石板下有过水洞口，上缘略低于天井月台，举行仪典时，在上面架设木板，以防人们因拥挤而踏入水沟受伤。为防止月台面条石和明堂石的错位，石条之间也有榫卯咬合。

天井明堂沟的水经暗沟流出户外。暗沟高约15厘米，宽约25厘米。暗沟口有位于明堂沟侧壁的，也有位于沟底的。有一个石箆子，透雕着花样图案，有的很精致。水刚刚流入暗沟，紧靠天井，设置一个清淤装备，即在暗沟下埋入一口大缸，雨水灌满水缸后，再溢出顺暗沟流走，所带杂物沉淀到缸底，因此暗沟内不易被杂物堵塞。过若干时日，打开石质的清淤口盖，将缸内淤物清理掏出。

为防火，住宅天井中放有一口或几口用整块蛮石打凿出来的外表面粗犷、内侧光滑的大水缸，也有一些整石水缸，高齐人胸，可有两人合抱，在外面雕刻满铺的图案，精巧绝伦。水缸接檐口天沟来的雨水，称天水。无论何时，水缸总是满满的，可供饮用。缸内养些小鱼，一旦有火情，这几大缸水就能用来救火。

■ 屋面及檐口的做法

❶ 新叶村建筑屋面做法简单，普通的房舍，椽子上直接铺仰瓦，人在室内能透过瓦缝看到天光，冬不挡风，夏不隔热。讲究的建筑，如祠堂、文昌阁等，只在椽上加一层望砖（当地叫椽板），也不垫泥。为防大风暴雨，瓦的铺法常采用"压七露三"，即每块瓦叠压70%，露明30%。屋面边上和近檐口处，瓦的叠压就更多了。最上面的瓦用正脊压住。瓦屋面的整体性相当强。但因屋面构造过于简单，加上南方雨水较多，常常漏水，引起檩条腐烂。而夏天则很容易晒透，楼上十分闷热。

由于天井很小，住宅进深又大，常在屋面上放几块明瓦采光。明瓦是透明的玻璃瓦，形状与普通瓦一样。或者用大块平板玻璃放在椽上，四边压在瓦片下，并用灰将缝填满。比较晚近的做个半圆的十分简陋的小老虎窗。

❷ 新叶村住宅中没有见到使用滴水瓦的，只有个别公共建筑上才有。通常在檐口下做一个流水槽，水顺槽流入落水管，然后流入明堂沟。暗沟口的位置就常在落水管口左右。早年用木头、竹筒做水槽，到民国以后大多改用镀锌铁皮了。

七·立基造屋

    建造房屋，不论是公共建筑还是私人住宅，都要组织一个专门的班子。建造小型的建筑，工程可以全部由大木工匠完成，而建造等级高、做工精、规模大的建筑，如大祠堂、文昌阁和比较讲究的住宅等等，各项工程就要有专业工匠。大木工匠只管大木架，小木工匠管门窗，雕饰由花工担任，石匠包揽如石柱、石础、天井、旗杆石、石抱鼓等石作部分。（图2-54～图2-55）

    事主委托一位老匠人或一个由老匠人带的班子来设计。设计前，先由堪舆师来相地观风水，选定基址确定建筑的朝向，与周围环境的关系。再由事主及匠师根据材料和财力协商建筑的规模、布局及形式，由老工匠画出简单的平面图和屋架图，叫做"起屋样"。老匠人把"屋样"所需的全部大木尺寸画在一支木杆上，木杆的断面为矩形，长度与全屋最长的构件堂屋的檩子相等。这木杆叫"杖杆"，由大木师傅掌握。然后，老匠人根据设计将全部木构件，包括它们的一切榫卯位置和尺寸用竹条做出一套制尺，当地工匠称"造篾"，一个构件一支篾，做好造蔑，标志设计完成，营建工程即将开始，工匠们按造篾所示尺寸下料加工。

    下料先从正厅的一榀梁架的前小步柱、栋柱和后小步柱开始。将这三棵木料的下端，即伐木时斧子砍成的锥形部分先行锯下。锯的时候，由事主扶住这部分，锯断不得落地。把这三块锥形木块放在漆盘中，建祠堂则将它们供在旧祠堂

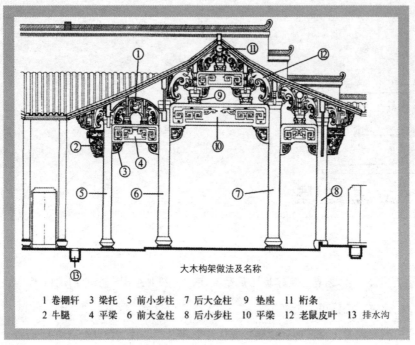

大木构架做法及名称

1 卷棚轩　3 梁托　5 前小步柱　7 后大金柱　9 垫座　11 桁条
2 牛腿　4 平梁　6 前大金柱　8 后小步柱　10 平梁　12 老鼠皮叶　13 排水沟

（图2-54）　大木构架做法及名称一

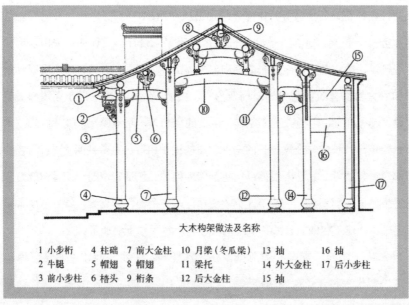

大木构架做法及名称

1 小步桁　4 柱础　7 前大金柱　10 月梁（冬瓜梁）　13 抽　16 抽
2 牛腿　5 帽翅　8 帽翅　11 梁托　14 外大金柱　17 后小步柱
3 前小步柱　6 楂头　9 桁条　12 后大金柱　15 抽

（图2-55）　大木构架做法及名称二

内，建住宅则将它们供在原住宅的"上横头"，即旧宅太师壁前条案正中。这三块木头称为"班头"，有说是代表鲁班、班妻、班母的，也有说鲁班及二位徒弟木工和泥水工的。"踏栋"之日，将三块木头迎往工地，放在供桌上拜祭。（图2-56）

经过选料、齐柱脚、弹墨线、刮木取直、开榫卯等工作，备齐所有木构件。

在备料的同时或略后，在建房现场平整地基，请"马甲将军"。"马甲将军"实际上是一张红纸，上书："天无忌，地无忌，年无忌，月无忌，日无忌，时无忌，阴阳无忌。"有的还写上"姜太公在此，大吉大利"，将它贴在工地上。以求保佑建造顺利。基地平整后，由泥水匠或石匠定好柱网中心线，安放平磉（柱顶石），再把柱础位置落墨于平磉上。打地基时，打夯土人要一起叫号："一步土，两步土，步步登高卿相府；打好夯，盖好房，房房具出状元郎。"说些此类吉利话。

然后，将备好的木料运到现场，由木工指挥，将柱、梁、枋等构件合榫拼装，穿上木篸，成为"扇架'（或称拼架）。每榀梁架栋柱顶上装"鸡头"的榫卯缝里夹进一叠五色布头，有红、黄、青、蓝、黑五色。

每拼装完一榀屋架，就把它竖立起来，左二榀，右二榀，暂时靠在一起。竖立齐四榀后，便就位，立在柱础上，临时固定，然后上檩、枋，把木构架横向连

（图2-56）建房前先要祭"班头"。班头是从建筑大梁锯下的三块木头，象征鲁班师、鲁班婆和鲁班大徒弟

成整体。当全部构架竖立完毕后，只留明间的栋梁（即脊檩）不入榫卯，在卯口垫一支"造篾"，等待堪舆师择黄道吉日，举行隆重的"踏栋"仪典。

踏栋前，先在脊檩中段盖好红布，上面挂一个筛子、一束万年青，再交叉放几根青竹。（图2-57～图2-60）

（图2-57）建房起屋

（图2-60）起屋架

叁 武义俞源村住宅①
Chinese Vernacular House

　　数量众多的住宅建筑不仅是乡土建筑的主体，还是乡民日常生活的基本物质条件。因而住宅当然应该蕴涵着丰富的民俗信息，可惜方志和宗谱从来不记载住宅的兴建情况，而现今的居民又已经大多弄不清当年住宅兴建时人们的生活方式，以致那些信息差不多失落殆尽了。从正统的礼制来阐释乡村住宅，不但千篇一律，失去千变万化的乡土特色，并且很有可能会完全不符合当地的实际。而乡土建筑研究，最重要的恰恰是一乡一地的实际，一乡一地的特色。

　　俞源村现存的古老住宅大致有48幢左右，另有9幢已毁但基址清晰可辨。这57幢住宅构成了整个2 000多人的村落。其中，有7幢大致可以被断定为明代建筑，5幢建于民国年间，其余都是清代的。（图3-1～图3-6）

---

① 本文作者：陈志华。

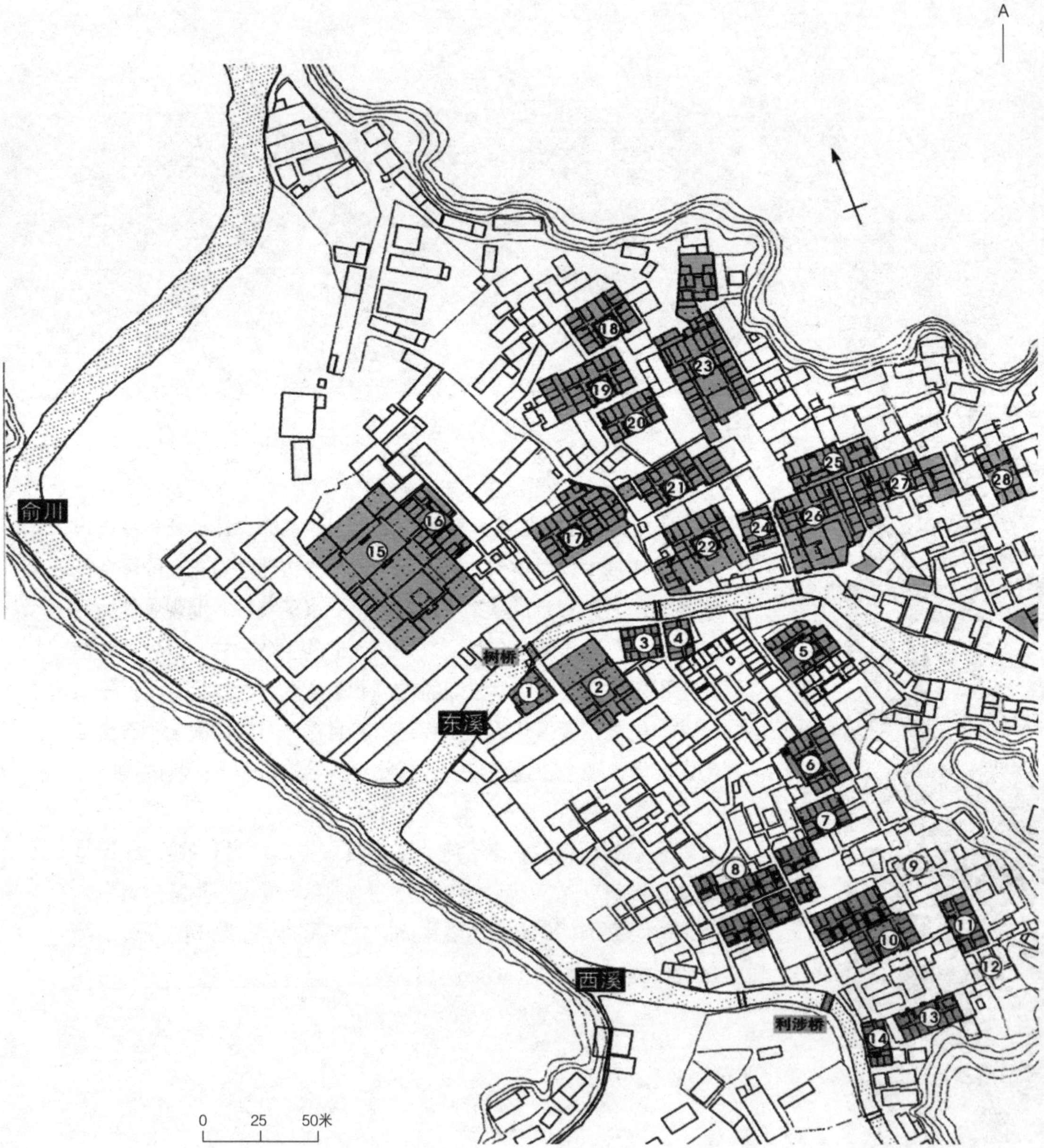
A
俞川
东溪
西溪
树桥
利涉桥
0 25 50米

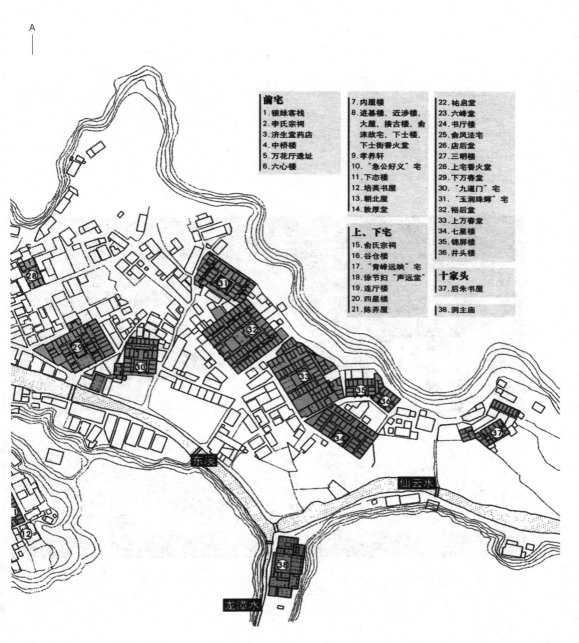

A

前宅	7.内屋楼	22.祐启堂
1.银妹客栈	8.进基楼、近涉楼、	23.六峰堂
2.李氏宗祠	大屋、接古楼、俞	24.书厅楼
3.济生堂药店	涞故宅、下士楼、	25.俞凤法宅
4.中桥楼	下士街香火堂	26.店后堂
5.万花厅遗址	9.孝养轩	27.三明楼
6.六心楼	10."急公好义"宅	28.上宅香火堂
	11.下态楼	29.下万春堂
	12.培英书屋	30."九道门"宅
	13.朝北屋	31."玉润珠辉"宅
	14.教厚堂	32.裕后堂
		33.上万春堂
上、下宅		34.七星楼
15.俞氏宗祠		35.锦屏楼
16.谷仓楼		36.井头楼
17."青峰远映"宅		
18.徐节妇"声远堂"		十家头
19.连厅楼		37.后朱书屋
20.四星楼		
21.陈弄屋		38.洞主庙

东溪

仙云水

龙潭水

（图3-1） 俞源村总平面

129

（图3-2） 春天的俞源村

（图3-3） 俞氏宗谱

（图3-4） 俞源村住宅环境

（图3-5） 俞源村屋顶俯瞰

俞源村住宅类型统计表

位置		大型住宅	中型住宅				小型住宅	合计
			三合院			四合院		
			七开间	五开间	廿字	七开间		
上宅		3+②	1+①	5	0	1	0	10+③
下宅		1	2	5	2	0	1	11
前宅	俞姓	③	1	7	0	1	8	17+③
	李姓	1	3+②	1+①	0	0	2	7+③
		1	0	0	0	0	0	1
		0	0	1	0	0	1	2
		6+⑤	8+②	18+①	2	2	12	48+③

注：外加圆圈的数字表示已毁而尚可辨认基址的。另据俞步升先生统计，已知毁掉的中型住宅共有12幢。

（图3-6） 丰富的住宅山墙

一·大型住宅

　　大型住宅的中央主体有前后两院，又可以分为三种形制：第一种为三进两院，有门屋、大厅和堂楼，这是最大型也最完备的，如裕后堂；第二种没有大厅，但第一进门屋中央是三间通畅的大门厅，前后院只用一片墙分隔，如上下两座万春堂；第三种则没有，只有前墙，墙内有大厅和堂楼，叫做"前厅后堂楼"，如六峰堂。这三种大型住宅都有两厢。堂楼和厢房是两层的，大厅为单层落地。第一种的门屋是两层的，第二种的大门厅是单层的。不是有一个大厅，便是有一个大门厅，总之，它们都有一个敞亮的大空间。

　　全村原有大型住宅11幢，其中5幢已毁。上宅原有5幢，现存3幢，其中裕后堂是第一种的唯一实例，另两幢为上、下万春堂，属第二种。烧毁的2幢，其一是明代俞大有的祖屋，所以俗称"进士楼"，万春堂的太公俞从岐便出生在这座大宅里，进士楼在民国年间失火，只剩下三间伙屋，便是现在上宅的香火堂。其二叫"思忠大厅"，早在咸丰年间被烧掉。下宅只有一幢大型住宅，六峰堂，是前厅后堂楼。下宅临东溪的一小块地方叫下明堂，下明堂的一座大宅便是俞文焕先人造的，可能是明代遗物，也是前厅后堂楼式的。俞文焕的状元学生于敏中送了一块匾，叫它"祜启堂"。前宅原有4幢大型住宅，3幢俞姓的，都已经毁掉。俞涞的弟弟敬三公造的一幢，在明景泰二年（1451）被银矿工人和农民暴动烧毁，现在在旧址上有一幢三开间加两厢的小屋，属德馨堂。另一幢是俞涞的大儿子善卫造的，作为女儿的嫁妆赠给了李彦兴，原来是前厅后堂楼，现在残存5间堂楼和6间厢房，都有了不少改动。前宅还有一幢俞姓的大宅造得很晚，是俞万荣的万花厅（1906－1912年造），前厅后堂楼，1942年被日本侵略者烧成灰烬。前宅现存的唯一的一幢大型住宅是李姓的，可能在明代成化年间由李春芬、李春芳两位拔贡兄弟初建，乾隆年间经李嵩萃大修过。这也是一幢前厅后堂楼。前墙的随墙石库门上方有石匾刻"急公好义"四个字，是邑令题赠给李嵩萃的。

这11幢大型住宅中，三进两院的只有1幢，用砖墙隔前后院的有2幢，7幢是前厅后堂楼式的，敬三公的那幢情况不明。除前宅李家的堂楼是5开间外，其余的都是7开间。

除了清代末年的万花厅外，它们都分别在明代初年和清代初年俞源村的两个鼎盛时期造成。前宅的4幢中有3幢造于明朝初年，下宅的六峰堂后半部堂楼造于明末，大厅造于清初，上宅的都造于清代初年。俞源村由前宅向下宅再向上宅的发展过程很清楚。

俞源村现存的7幢半明代住宅里，有3幢半是大型住宅，可见大型住宅在明代是很重要的住宅类型。

作为整个住宅主体的中央院落的四周有砖墙。墙外、左右和背后，三面各有一二列整齐的伙屋（又叫伙厢）。伙屋围着中央院落，像个套子，所以被称为"套屋"。中央院落是主人家族起居用的，伙屋则包括厨房、仓房、畜栏、禽舍等以及男女佣工们的住屋，有些佃户和穷困的本家也可以借住在伙屋里，所以它们占了伙屋很大的一部分。伙屋一般比较简陋，常用夯土墙。有些大型住宅占用几间伙屋或在伙屋外另有自成小院的书房、小客厅、宾舍等，装修很精致。一幢完整的大型住宅规模很大，如上宅的裕后堂共有158间房间之多。3幢大型住宅便占了上宅一半多的面积。所以俞源村人口不少而住宅总数却不多。起造这样大的住宅，一是因为明代初年和清代初年俞源村一些人家有很强的经济实力和社会地位；二是可能在如烈火烹油、鲜花着锦的旺发时期，这些人有一种虚夸的心理冲动；第三是大约当时纯农业社会的传统还很强，有些家族单元还相当大。总之，读书人以牌坊、旗杆、金匾炫耀他们的科第成就，而商人则以华丽的豪宅炫耀他们经营的成就。清代中后期不再造大型住宅，或许是长期经商以后，宗法制力量渐渐有所削弱，家族单元分得比较小了的缘故。

这些大型住宅的中央主体院落很大，如裕后堂后进有房共13间，前进10间，大厅左右还各有2间，一共25间。六峰堂有19间。它们当然由各房兄弟分住。析炊之后，也生活在同一个院子里。年代稍久，一幢大宅可能有三四代家庭。所以伙屋要足够大。大型住宅里的生活，具有父权家长制的强烈色彩。大厅、堂楼里的轩间（明间堂屋）、香火堂、檐廊、院子等都是公共财产。堂楼轩间里大家共同祭祀房派或支派历代的先祖，大厅是公用的礼仪空间，住在宅里的人，都可用它举办红白喜事。举丧的时候，在大厅停柩7天，宅里的族人们家家都去上香礼拜。甚至不住在大宅里的同一房的人，也可以来使用大厅。宗法制的亲情维持着宗族的安定团结和秩序。但是住宅的平面布置很简单，所有的房间在檐廊里开门窗，直接面向院子，在这种环境里，家庭生活没有私密性可言，声音举动都在别人耳目之下。妇女不避人，也不可能避人。理学家们设计的种种妇女生活规范在这些大型住宅里根本不可能做到。析炊之后，各个核心家庭没有自己独立的功能比较齐全的舒适的内聚性空间。在父权家长制很强的时代，这种生活方式或许可以习以为常，但一旦家长制的力量有所削弱，则这种生活方式便被抛弃，于是，从清代中后期起中型住宅便成了主要的住宅类型。（图3-7～图3-15）

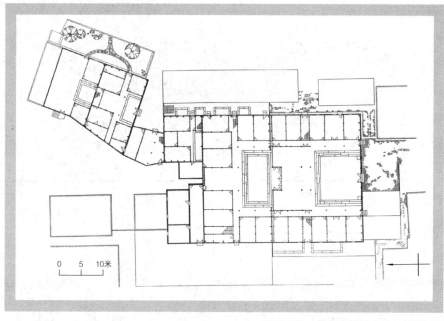

（图3-7）六峰堂（声远堂）住宅一层平面图

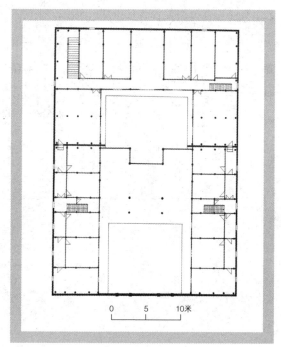

（图3-8）
六峰堂（声远堂）二层平面图

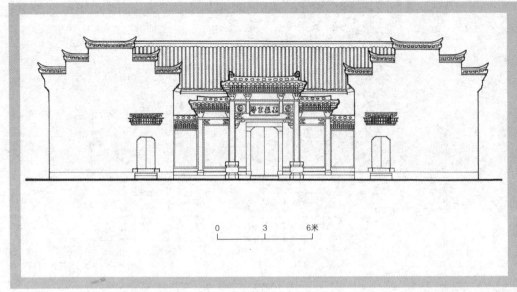

（图3-9） 六峰堂（声远堂）正立面图

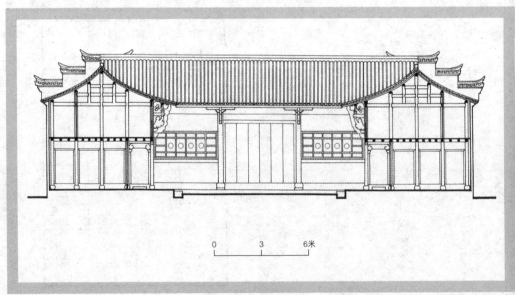

（图3-10） 六峰堂（声远堂）前院横剖面图

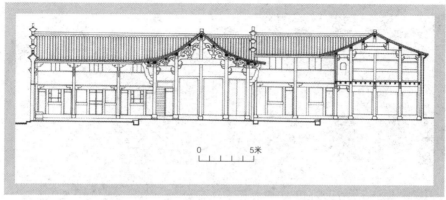

（图3-11）六峰堂（声远堂）纵剖面图

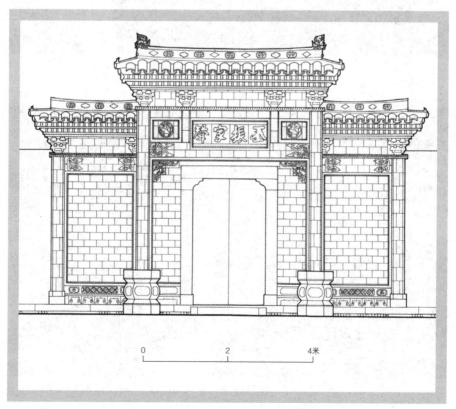

（图3-12）六峰堂（声远堂）正门照壁正立面大样图

（图3-13） 六峰堂（声远堂）住宅大门

（图3-14） 六峰堂（声远堂）住宅大厅梁架

（图3-15）住宅雕花窗

大型住宅的代表是乾隆晚期建造的上宅的裕后堂，俞林模建。它的主体是三进两院，后院是一个标准的七正六厢堂楼，不过楼梯在厢房前端而不在正房两端。门屋七开间，中央三间连通为门厅。第二进落地大厅也是三开间。它们的两侧各有七间厢房，前后贯通连排，这是因为厢房前檐廊要直对前面的旁门。门屋的梢间和末间的位置随厢房的间架。门厅有一道槛门，6扇。前院两厢正中一间为小厅。主体左右各有12间成排的伙屋，还夹1间楼梯弄。背后原来也有12间伙屋，现在已经残破改建，面目全非。主体和伙屋组成整齐的长方形，四角挖水塘防灾。除了左右侧和背后整齐的伙屋之外，周边还有些零散的、独立的附属房屋，如仓房、下房、牲畜房、作坊等等，也统称伙屋。所以，裕后堂总共有房屋158间，现在还剩120间左右，是俞源最大的住宅。

裕后堂门前种一对枫树，清末已经粗到双人合抱。它们生长旺盛，被认为风水树，小巷因之得名为双枫巷。

它的第二进大厅是建筑艺术体现的重点。大木结构很华丽。五架梁、三架梁和廊子的双步梁都用月梁(当地叫眠梁)。梁以上，檩条之间有环状的"猫儿梁”，动态很强，极富装饰性。前檐枋底面贴一块雕花板，分别雕着百鱼、百鸟、百兽。前后檐都有牛腿，牛腿之上还有一串雕饰精巧的“叠斗”，大多呈卷草花叶形，承托着挑檐檩。前檐中榀的两个牛腿雕的是爬狮，已被盗。现存转角处一对牛腿雕成鹿。前院的两厢和门屋面向前院的前檐也都有牛腿、叠斗和“呈方”（类似雀替）。后院堂楼比较朴素，只有底层的呈方。不过檐廊也用月梁，7间正屋前的檐廊，从一端的侧门前望去，一层层月梁柔和的曲线形成深远的层次构图。

大厅前檐完全敞开。明间后金柱间设6扇樘门，增加住宅的私密性，平日不开，从两侧的耳门转过到后院去。次间后檐用空斗墙封砌，墙壁正中有一个直径1.5米的圆窗，用曲尺形棂子组成花格，点缀些雕花小饰件加强刚度。圆心处是一个直径0.3米的圆形开光华板，朝后院的一面，用草龙分别组成“福”、“禄”二字，左侧的为福，右侧的为禄。朝厅内的一面，则各雕两个武士角斗的场面。

裕后堂正立面的形式比较丰富。主体的两厢和伙屋前端的山墙（当地名土彭头），都是三叠马头墙（即五山），左右各两个，遥相对峙，轮廓起伏跌宕，很生动。中央的正门高大，在边梃和过梁的外侧还砌一圈大石。两个旁门小得多，门上有雕花砖檐。伙屋的门更简单些，主次很清楚。墙面全是细砖磨平精砌的，砖缝如线，横平竖直，不但反衬砖雕的富丽，而且本身有一种工艺的美。

二·中型住宅

中型住宅，指正屋为七开间或五开间的三合院和四合院，全村现存30幢，已毁而能辨识遗址的3幢，共计33幢，占俞源村现有住宅的绝大多数，大约69%。其中四合院只有两幢，一幢在前宅北缘，五开间，面临东溪，是前店后宅，建于民国年间（万花楼）；另一幢在上宅，建于嘉庆年间，七开间，下屋进深很浅，只有3间，两侧各两间的位置依厢房的间架，也叫裕后堂。五开间的三合院最多，计20幢。正屋7间的三合院，厢房有左右各3间和各2间的两种，都叫"大排七"。正屋5间的，则厢房只有左右各2间，叫"大排五"。正屋和厢房都是两层的，楼梯大多在正屋的两端，或者占半间，或者有专门的楼梯弄。少数楼梯在厢房，多有楼梯弄，在里端或前端。正屋和厢房都有前廊。下宅有两幢叫"廿字楼"的三合院，即通面阔相当于七开间的正屋，中央3间之外，两侧两间的位置按厢房的间架，厢房的前檐廊向正屋内部延长，使3间正屋的外侧有一道夹弄。平面上看，夹弄和前廊形成一个"廿字"。下宅徐节妇(俞圣猷之妻)的住宅"声远堂"，便是一座"廿字楼"，大约是嘉庆初年造的。（图3-16～图3-22）

七开间三合院，厢房的前檐柱和正屋的中左二、中右二两榀屋架对齐，所以院子的宽度相当于正屋三个开间，将近10米，进深则相当于厢房的三个或两个开间，也将近10米，院子比较宽敞。五开间三合院的院子，宽度相当于正屋的两

（图3-16） 丰富的住宅山墙

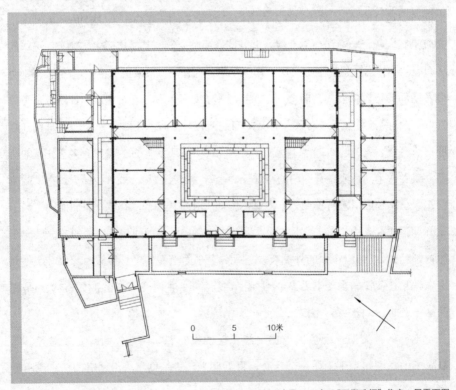

0　　　5　　　10米

（图3-17） "玉润珠辉"住宅一层平面图

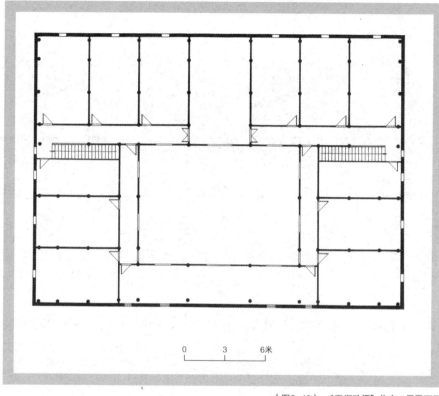

0　　　3　　　6米

（图3-18）　"玉润珠辉"住宅二层平面图

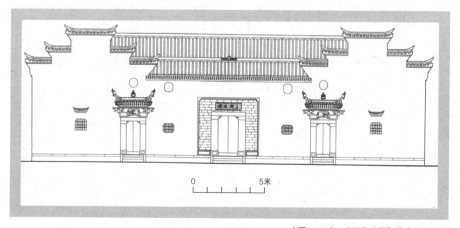

0　　　　　5米

（图3-19）　"玉润珠辉"住宅正立面图

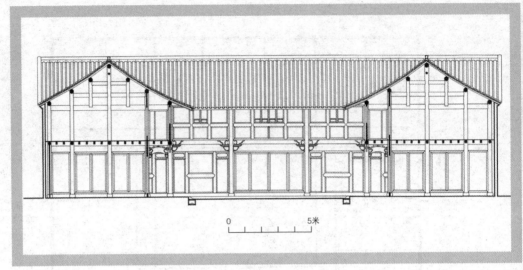

0　　　5米

（图3-20）　"玉润珠辉"住宅横剖面图

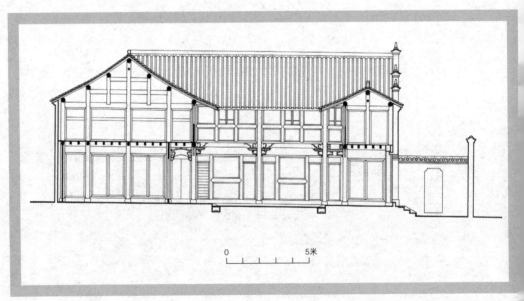

0　　　5米

（图3-21）　"玉润珠辉"住宅纵剖面图

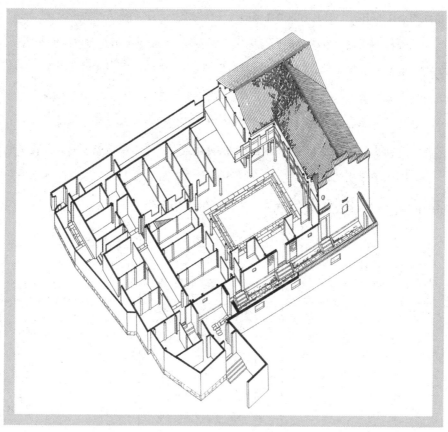

（图3-22）"玉润珠辉"住宅剖轴测图

间，即厢房前檐柱对着正屋次间的中央。

　　这种中型的三合院住宅，包括"廿字楼"，流行于武义、东阳、永康一带。它们与浙西、皖南、赣北的民居的最大区别就是正屋开间多，院落开阔，空间舒畅。房间里比较亮堂。院子里用大石条搭两条花台，春兰秋菊，四季香气袭人。到了盛夏，院子里搭竹篷遮阳，竹篷从正屋底层的前檐柱顶挑出，柱头上有一个小小的带槽的木构件，承托竹篷的内沿。楼上伸出钩子吊住竹篷的外沿。天井院前的门墙叫照墙。

　　中型住宅也有不少伙屋，不过除了四合院"玉润珠辉"等少数几个外，大多布局不如大型住宅那么整齐，而且多用夯土墙。不过有些中型住宅仍然在伙屋有比较精致的小厅和书房，如上宅的"九道门"（精深堂），下宅徐节妇的声远堂。

正屋的明间完全向院落敞开，叫做"轩间"。明代的住宅，如六峰堂后进，如前宅的俞氏老祖屋，轩间两侧壁是磨砖的墙，后来的住宅则改用木板壁。轩间太师壁前奉香火，这是南方民居的一般做法。但有许多住宅在楼上的轩间另设香火堂，靠后壁奉高祖、曾祖、祖、祢的神牌，朔望进香烛，盛米饭一碗，并焚黄表纸。为防火，在神位左侧砌砖炉一座供焚化之用。香火堂前檐窗前，又有供桌一张，是祭天地用的，朔望也进香烛、供米饭。现在俞文清先生家（下宅逸安堂之一）楼上香火堂后壁神位上贴着一大幅黄纸，写的是：

疆	无	寿	万
	本		
玉	家		金
益	咸		炉
长	奉		不
明	日	长	时	断
万	日	生	时	千
载	进	香	招	岁
灯	宝	火	财	火
	郎	之	童	
	君	神	子	

有些住宅把楼上轩间扩大为三开间，叫做"楼上厅"。全村现有楼上厅7个，3个在大型住宅里，（上宅俞大有老祖宅的残存偏屋、下宅六峰堂、上明堂祐启堂），4个在中型住宅里（前宅李氏"爽气东来"、作为董氏香火堂的"冷屋"、十家头的后朱书屋和前宅俞氏老祖屋）。除了"爽气东来"外，所有的楼上厅都建于明代。楼上厅的梁架用材比较好，并且都有些雕饰，而清代一般的楼上都只用粗陋的草架。浙江、皖南、赣北都有一种传说，便是明代住宅以楼上为主要居住部分，到清代才改为以楼下为主要居住部分，俞源村的楼上厅很可能支持了这种说法。

关于楼上楼下的主次，俞源村民又有一个传说：元代，蒙古人为了统治南方人民，每家都派驻一名蒙古兵，百姓叫他们"鞑子"。这名鞑子兵为了便于管理，每晚把百姓赶上楼去住，自己守在楼下。因此百姓养成了以楼上为主要居住部分的习惯，把楼上造得比楼下漂亮，层高也超过楼下的。明代沿袭下来。但毕竟楼上居住不便，而且冬季酷寒，夏季燠热，于是到清代又渐渐改回以楼下为主要的居住部分了。这则传说和兰溪诸葛村民居把堂屋的半截门叫做"鞑子门"相似。传说未必可信，但说明农民也会用建筑来表达爱憎。（图3-23）

（图3-23）
"玉润珠辉"住宅前院

中型住宅前面一般有3个门，1个门是正门，在中央，进门是天井，另2个是旁门，对着厢房的檐廊。门外大多有个前院，宽与住宅相等，深只有4米上下，是个狭长的前导空间。院门在它的一端，有做八字门的，也有砖券门，上镶石匾，刻"紫气东来"、"南极星辉"等额。

中型住宅的规模比大型的小得多，七正六厢的不过13间，(在金华府地区叫"十三间头"，作为三合院的代表)五正四厢的只有9间。在早期，它的居住条件显然比大型的好。但清代中叶以后，住宅建设的速度远远不及人口增加的速度，中型住宅也由几个共祖分炊的核心家庭围合住了，居住的质量大大下降。上宅东头，俞新聚在道光十年建了一幢五正四厢三合院，6个儿子长大后，道光二十年（1840），他在旧宅西北又建了一幢五正四厢三合院，分给儿子们。分的方式竟仿照祠堂里的昭穆次序：老大得大手位(即左侧)的两间厢房，老二得下手位(即右侧)的两间厢房，老三、老五分别得正屋大手位的次间和梢间，下手位的次间和梢间则由老四、老六分得。另外，有些人家，儿子长大成家后抓阄分旧宅，父母亲则住到精致的小别院里退养。

中型住宅是俞源村住宅的基本模式。一个七开间的中型住宅的面积相当于大型住宅的堂楼。

现存中型住宅大都是清代和民国年间造的，明代的只有两幢，都在前宅，一幢是"俞氏老祖屋"，五正两厢，可能是在明代初年俞善护建造的一幢大宅的废墟上建的，还有一幢便是"冷屋"培德堂，五正四厢，也建于明初。中型住宅以前宅为多，共有16幢，将近占全数的一半。其中李姓有7幢。可见清代以后俞姓发展的重点从前宅转到下宅和上宅，但李姓的建设仍然很兴盛。

中型住宅里最精致的是道光二十五年（1845）左右俞新芝造的

上宅的"九道门"。它坐北朝南，七正六厢，是典型的"十三间头"。正屋后面有伙屋，七正两厢，狭长的天井。左右没有伙屋，但右前方有3间雅洁的书房小院，两层。它大门外有一条狭长的前院，前院的东端是八字院门，西端是书房小院的门。前院的南墙被叫做"回音壁"，有明显的回音。壁以南是个600多平方米的大花园，园南临东溪，园西有一座两层的赏花厅，面阔三开间加一个楼梯弄。出前院西南角的门，小巷子曲曲折折在书房与赏花厅之间穿过，再向西经三次曲折到东溪岸边，那里有一座门屋，现在已经倒塌。从门屋到前院西南角门，一重又一重，共有七道大门，都是既有闸板，又有横杠、竖杠和顶杠。第三和第四道门之间有门屋，屋内地面作翻板，板下设深坑陷阱。不过奇怪的是前院的东门只有一道大门，坚固程度远不能和这边的七道门匹配。

这座住宅的构造做法也很讲究。除了石柱础之外，所有隔断之下都设石质

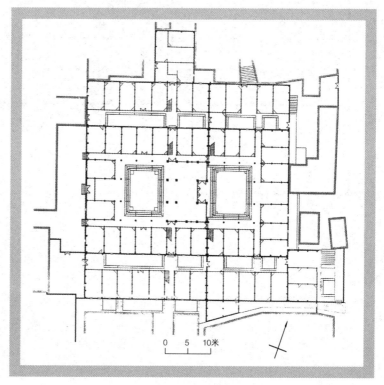

0　5　10米

（图3-24）
裕后堂一层平面图

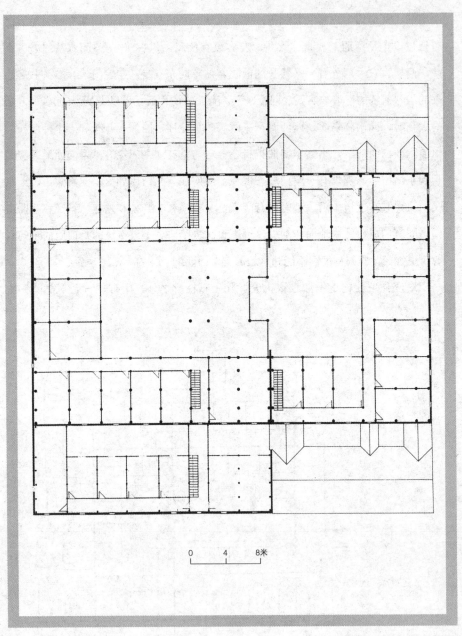

0   4   8米

（图3-25）裕后堂二层平面图

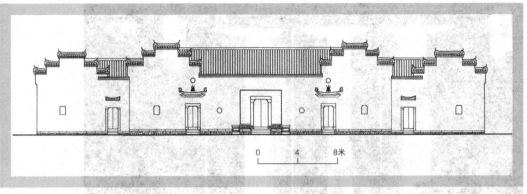

（图3-26） 裕后堂正立面图

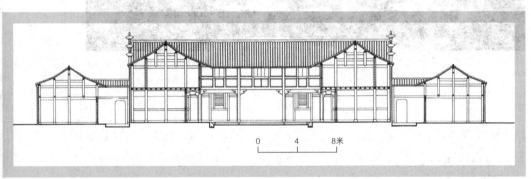

（图3-27） 裕后堂后进横剖面图

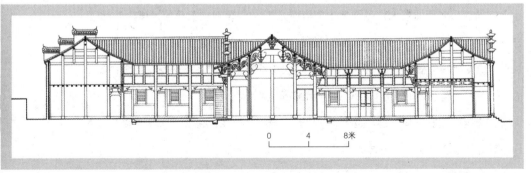

（图3-28） 裕后堂纵剖面图

（图3-29） 裕后堂住宅前厅为住宅的公共厅堂

地木伏，叫做"木不落地"。院落不铺卵石，全用条石满墁，正中一块"井心石"，向外一圈一圈作"口"字形排列，四角以各切45°对接，形成了院落通缝的对角线，富有几何美。传说这院落的石板地是两层的，即下面还有一个石板铺的垫层，所以至今150多年，仍然平整如新。（图3-24～图3-29）

它的正屋和两厢的木作雕饰都十分华丽。叠斗(牛腿和它上面的挑檐构件)和呈方(相当于雀替的垫木)的雕刻属于全村最精细者之列，又还没有像清末民初的那样烦琐。门窗槅扇的雕刻也是精中之精，正屋楼上的窗子为雕花格子窗，是全村唯一的。赏花厅是花厅做法，前檐和隔断全用细巧棂子雕花槅扇。

楼上现存大匾一块；题"贡元"二字，上书"钦命经筵讲官上书房行走礼部左侍郎提督浙江全省学政汪廷珍为廪贡生俞志俊立"，日期为"嘉庆丙子年仲秋月吉旦"。俞志俊是参与道光二十年纂修《宣平县志》的4位俞源人之一。

三·小型住宅

小型住宅，正屋三开间，有的有左右各一间厢房，有的没有。也是两层。小型住宅不但矮小，用材也比较差，装饰几乎没有。它们一共有12幢，10幢在前宅，8幢属俞姓，2幢属李姓。其余两幢，一在下宅，一在十家头。上宅没有小型住宅。根据小型住宅的分布情况，并且考虑到上宅的大型住宅的伙屋里住着一些雇工、佃户，可见俞姓族人内部的社会分化大而李姓的小，这或许与李嵩萃一次造了几幢中型住宅，形成了"陇西旧家"的社区有关系。

前宅的小型住宅里有两幢很古老，一幢相传是敬一公俞涞造的，便是前宅俞氏德馨堂的香火堂，通称"老祖厅"。俞涞于元末去世，所以村人传说老祖厅是元代建筑。又因为俞源村名最早见于俞涞孙子道坚的诗文中，所以又说先有祖厅，后有俞源。另一种说法是，祖厅本是俞涞三子俞善护在明代初年造的一幢大宅的一部分。大概以第二种说法较为可信。还有一幢很古老的小型住宅是现在房主俞登的太公在明代末年造的，三开间，左右各一间厢房，没有檐廊，厢房和正屋对接，底层高2.43米，楼层以楼板为准，檐口高2米，正脊高3.1米，非常矮小。

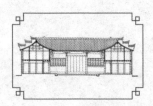

四 · 装饰与装修

俞源村的建筑装饰，大致有木雕、石雕、砖雕和彩画几种。石雕和砖雕不很多，一般比较简单，工匠师傅来自温州泰顺。木雕大多是东阳师傅做的，也有泰顺师傅，很精致华丽。丰富的彩画则是一个比较重要的特点，大多由漆匠绘制，也有专业的工匠。可惜因为不容易保存，彩画现在多已经剥落褪蚀，残损得很厉害了。

■ 大木作雕饰

除了牛腿、叠斗、呈方普遍应用在宗祠、庙宇和住宅中并高度装饰化之外，大木作的装饰，主要在宗祠、庙宇的厅堂里和大型住宅的大厅、门厅里。那里的梁架全部都是露明的。

梁架的基本结构构件，如梁、檩，装饰均比较简洁，保持着结构构件粗壮的功能本色。辅助性的构件，如梁托、扶脊、替木、呈方、斗栱，装饰化程度很高，雕镂细密，大幅度地变形。有一些在结构中已经失去了功能，演化成了装饰品，如扶脊，有一些则在身上夸张地衍生出装饰性的部件，如檐柱上呈方的帽翅。这些装饰精致的辅助性构件与粗壮的基本构件的对比，衬托出了梁架的结构逻辑，并且造成了疏密、张弛的节奏变化。

　　但有两种基本结构构件却非常地装饰化，几乎成了纯雕刻品。一种是梁的上方、檩子之间的空隙里用来稳定檩下叠斗的"猫儿梁"，一种是檐柱上承托挑檐檩的牛腿和叠斗。牛腿和叠斗是因为正对着前面，处在最便于观赏因此装饰能得到最大效果的位置。"猫儿梁"则因为它们毕竟不是最重要的受力构件。

　　厅堂和大厅里的五架梁和三架梁以及檐廊里的双步梁，都用月梁，当地叫眠梁。它向上微微呈弧形，使人看到它轻松地承受了弯矩的负荷。月梁的两端圆润，刻着流畅的曲线，这曲线仿佛月梁上缘轮廓的回弯，向里又向上一挑，使月梁两端显得十分饱满。乡人们很形象地把它叫做"鱼鳃"。明末清初的建筑，鱼鳃比较简单，刻得短而浅，到清代晚年和民国时期，鱼鳃深。而且多了变化，头上添几道有弹性的鹤项形曲线，有的真刻一个小小的鹤头。还有的点缀些卷草浮雕。住宅堂屋前檐柱间的枋子，当地叫骑门梁，早期也做成微微弧形的月梁，两端有鱼鳃，中央浅浅地刻一个圆形的寿字，左右飞翔着一对蝙蝠。门屋的骑门梁的中央常刻"双凤朝阳"①。晚期，骑门梁基本平直，只在下缘的两端稍稍挖一点弧形。鱼鳃变成了方棱方角的卷草图案，中央有个"盒子"，雕刻得很深，题材有戏曲场景、历史故事或者只有一对鲤鱼嬉戏。这盒子已经失去了与作为结构构件的骑门梁的一致性，有很大程度的独立性，破坏了结构逻辑。次间檐枋是平直的，底面钉一块长长的雕花板，雕的是百鱼、百兽、百鸟之类。

　　"猫儿梁"是一种半环形构件，趋中的一头高而宽，另一头低而细，轮廓很有弹性。前后坡各有一串四五个"猫儿梁"，首尾衔接，向中又向上，动态很强，反衬干实稳定的梁架，活泼而生动。（图3-30～图3-31）

---

① 　"双凤朝阳"比"福寿双全"题材高档一些，但刻在这个比较低档的位置，不知是为什么。在江西婺源，有些大宗祠也把"双凤朝阳"刻在这个位置。

（图3-30） 裕后堂住宅内牛腿装饰　　　　　　（图3-31） 裕后堂住宅窗

　　牛腿和它上面的叠斗是用来承托挑檐檩的，有明确的结构功能，但外形却完全装饰化了。三开间的宗祠厅堂和住宅大厅，两个中榀檐柱上的牛腿雕成鬣毛蓬松的狮子，边榀的雕成鹿。都以头向下，为的是便于人从下向上观赏。中型住宅的牛腿和大型住宅前院两厢的牛腿大多在两个侧面刻尺度不大的很细致的故事人物，有亭台楼阁、桥塔园林做背景，透视有深度。它上面的叠斗向两侧很夸张地飞出帽翅式的装饰部件，大多作卷草。牛腿、叠斗和柱子左右同样夸张的呈方组合在一起，非常华丽。呈方的作用类似雀替而形状极为复杂，面上通常也雕故事人物和透视的亭台楼阁桥塔园林，等等。故事人物以八仙为最常见，左右各四个，雕花卉虫鱼的也不少。越到晚期越繁复，雕得越深，越脱离所在构件的形式和作用而成独立的构图。

　　裕后堂、六峰堂(声远堂)这样的大型住宅，前院有牛腿、叠斗，后院没有，朴素得多。这大概和大厅、前院具有公共性功能，而后院和堂楼则纯是内部的居住部分有关。另有一种说法是，牛腿和叠斗是乾隆年间才有的，以前没有。这可以说明裕后堂、六峰堂的后院建造年代比较早。

所有的大木构件都为木料本色，不加油漆。

■ 小木作装修

俞源村现存槅扇门不多，小木装修主要看窗子。

一所住宅中，窗子的装饰性做法分等分级，主次清晰。正屋次间的窗子规格最高，两厢其次，正屋梢间又次，末间最简单。有的大宅．厢房的窗子也依上下次序有区别。主次的区别一在构图的繁简，一在题材的高下。正屋次间和两厢的窗子都在最经常观赏也最明亮的位置，装饰也最见效果。正屋梢间和末间不但在使用上等级低，而且逐步退入正屋与厢房之间的夹弄中去，光线也很幽暗。窗饰的分等，既遵循艺术法则，也遵循社会秩序。

窗子的采光部分分上下两屉。上屉面积大，用横平竖直的细桱分割成图案，在格子中设置卡子(或称结子），都是雕花的，有蝙蝠、花草、福寿字之类。高级的窗子，卡子用蝙蝠，低级的则用花草。也有同一扇窗子中的卡子还分级别的，位于中线上的，用蝙蝠，两侧的，用花草。高级的窗子，上屉中央有一块花板，雕刻故事人物。俞源多见而别处却比较少见的是上屉只作水平划分，没有中央花板，每格间距大约12厘米，设卡子两三个，左右错开。这种只作横桱的上屉多用于次级的窗子，在正屋次间则没有见到。

下屉是一幅横长方形。它的位置正在窗外采坐姿的人的眼睛高度。廊檐下是最重要的日常生活空间，甚至一般的亲朋来访也在这里接待，所以，下屉的图案远比上屉的复杂，题材也完全不同。一来为了避免看进室内，二来也是为了便于细细观赏。这部分的构图，最常见的是中央一块花板，或方或圆，深雕故事人物，如古城会、岳母刺字、二十四孝之类，多是宣扬忠孝节义。正屋的梢间和末间的窗子，有些就没有花板。花板左右，高级的为一对游龙，次级的是柿蒂或万字图案。游龙也分两类，正屋次间的，龙身多用曲线，屈伸有弹性，十分妖矫生动，雕工细节多，很华丽。两厢的，龙身多用方形折线的拐子龙，呆板多了。也有一些住宅，下屉不设花板，在中央雕一只口唧古钱的大蝙蝠，形态流畅而有变化，与两侧游龙相互呼应配合，整幅构图更比有花板的统一，是艺术性很高的杰作，如裕后堂的窗子。少数厢房的窗子上，只雕一条游龙，昂首奋进，动感很强。中央没有开光花板的，似乎大都年代较早，在乾隆末年之前。

俞源村住宅小木装修多用龙作题材，显然不合制度，可能与沉香救母斗败龙王的神话有关。（图3-32～图3-35）

（图3-32）
"玉润珠辉"住宅窗扇大样图

（图3-33） "玉润珠辉"住宅上厅骑门梁大样图

（图3-34） "玉润珠辉"住宅倒座次间

（图3-35） 住宅花窗

　　窗子的上屈和下屈，为了采光，都用白高丽纸裱糊，后面还有一层木板，可在上千槽内左右滑动。冬季晚上可以关闭，平日很少使用。

　　有些住宅，在窗子采光部分的左右侧，还各有一长条雕花木板。有上下分为三幅的，也有上下一长幅的。题材多是花卉木石鱼虫，少数是山水风景。布局比较稀疏，雕得比较薄。厢房设这种花板的极少见，正屋梢间倒有，不过构图比次间的简单。浮雕很精细，有几幅雕着蜘蛛结网，极其逼真，仿佛蝴蝶、蜻蜓一粘上去，蜘蛛就会猛扑过来似的。

　　中型住宅"玉润珠辉"四合院，倒座的西次间还保存着通间的六扇槅扇，它和裕后堂大厅次间后檐墙上直径1.5米的圆窗以及六峰堂同一位置的槅扇窗，都是小木作的精品。

　　小木作和大木作一样，它们的装饰雕刻都是木材本色的，不加油漆。

■ 砖石雕

石雕很少，主要用在柱础上，其次是旗杆石和大宗祠的抱鼓石。天井沟里也有小小的雕花石板卡住，是在庆典的时候承架木板用的，架木板为的是防人多事杂会有人不慎踏空把脚落在沟里受伤。

雕刻的柱础用在大型住宅的大厅里和宗祠、庙宇的厅堂里。都很简洁，但也分等级。中榀两棵前檐柱的柱础最重要，鼓形的，只在上沿刻一圈卷草形花边。础下有一块覆盆式石质。中央四棵金柱的重要性次之，柱础也是鼓形的，上下沿刻鼓钉一圈。下面也有石质。其余各柱也有石质，鼓形柱础上下沿只刻一道线。

住宅的柱础，明末和清初的，为花盆形，即上部大约四分之一的高度的轮廓为凹圆形，而下部为凸圆形。稍晚一些都改为鼓形，起初最大直径在正中，后来改到偏上，最大直径上移后艺术造型更丰富一些。

最华丽的一块石雕是井心石，即天井正中的一块方形石板，上面通常作高浮雕的动物和花卉。不过并不是每户的天井中都有。天井以中央为最低，井心石上有剔透孔洞，雨水从孔洞漏入地下暗沟，与天井四周明沟下的暗沟相会合，曲折流出户外。这块井心石要在整幢房子造好之后，由德高望重的族中老辈来安放。

砖雕比石雕多一些，主要位置在住宅正面的旁门上，形成眉檐。通常有两排砖牙子，仿木构的椽头。上面有一皮挑砖，它两端各有一只鳌鱼，正中则有一只花盆，都是很精致的砖雕。

六峰堂正面的照墙正中，用贴砖砌了一座三开间的牌坊立面。明间开正门，门上匾额"丕振家声"。它完全仿木结构，有柱有梁有枋，还有斗栱、呈方、椽头，柱子上甚至用浅浮雕仿彩画的箍头卡子。墙体下部勒脚装饰着几条水纹的砖雕带。整个做工很严整。这种贴砖牌坊式门头在俞源不很多，还有"南极星辉"等几个。旁门也用砖门头，有两层牙子和瓦檐，不过斗栱和饰带是彩画的。

照墙向院内的一面，在乾隆末年以前，常见用砖做仿木牌坊，以后便多用彩画在粉墙上画出牌楼。

■ 彩 画

丰富的彩画是武义、宣平乡土建筑的一个特色。彩画集中在住宅照墙向院落的一面。墙面以白粉为底。

简单一点的，彩画只在照墙上缘形成一个装饰带，分成若干段落，每段一幅画，题材很广泛，有花卉，有鱼鸟，也有故事人物场景。俞源多书法家，所以常有只写诗文的。上万春堂的照壁，正门门洞上"家声丕振"四个大字和两侧墙上的两篇短文，出自光绪十一年(1885)。拔贡俞锦云之手，他的书法名震一时。这面照壁彩画的构图已经趋向建筑化，在照墙的上部画垂莲柱、雀替等分划画幅，形同挂落。（图3-36~图3-38）

比较复杂的，是在照墙上画三开间木牌坊，柱梁斗栱，一应俱全。这是乾隆年代以后用来取代以前贴砖的仿木牌坊的。因为彩绘远比贴砖自由，所以更重装饰性，不像砖的那样严谨逼真。而且细节也多，柱子上端披锦袱、挂玉璧，枋子上开盒子画故事人物，如姜太公渭滨垂钓、刘晨阮肇入天台、烂柯山观棋等等。

（图3-36）住宅院落

（图3-37） 宅院内

（图3-38） 俯瞰整个住宅

一切仿木构件上都有图案花纹，不留空白。柱梁斗栱基本的结构构件用黑色，小幅的画多用彩色，所以整体控制得脉络分明，构图稳定，不致杂乱。绘画的风格介于写意画和工笔画之间，一方面能和木结构的逻辑大体协调；一方面又有点自由活泼，不致呆板。

彩画不耐久，日晒雨淋，大多剥落蚀褪，当年的辉煌已经见不到了。不过墙头檐下的彩画还有保留得比较完整的，据乡民说，当年用鸡蛋清罩过一遍，防水。大木作、小木作保持本色，而在白粉墙上作鲜艳的彩画，色彩的运用很精致。

■ 地 面

早期俞源的住宅和巷子，用细卵石铺地，很有装饰性，常组成简单的图案，以古老钱为多。卵石铺地所形成的纹理表质，粗中有细，刚中有柔，尤其在雨后，一颗颗石子圆润光泽，色彩缤纷，非常美观。清代初年的几幢住宅，卵石天

（图3-39）村民在住宅前休息

（图3-40） 住宅间小巷

（图3-41） 村内小巷

　　井到现在已有300年左右，依然整齐如新，工艺的精细，十分惊人。传说当年挑选石子，要滚过两支竹筒，太大的、太小的都去掉，剩下来的大小几乎一律。嘉庆十年(1806)俞立酬在上宅造住宅的时候，到俞川河滩上选石子，一个人一天只选得了5斤，一直选到15里外的乌溪桥。（图3-39～图3-41）

　　　卵石天井和卵石路面的一大优点是不存积水，雨水从石子缝隙落下很快。乡人们说，这种地面"通地气"，对人的身体健康很有益。大概是因为工艺要求太高，所以清代中叶以后渐渐被石板地取代。有些住宅，院门的台明上也满铺卵石。

肆 武义郭洞村撷英[①]
CHINESE VERNACULAR HOUSE

郭洞村位于浙江武义县城之南约20里处，村的东、西两面有群山夹峙，山中有宝、漳二泉，终年水流不断，汇合成溪河，自南而北贯穿全村。在这块两山夹峙的谷地上，早在宋朝（10－13世纪）就有人群在这里生活，并形成了村落。元朝中叶，时任广东按察司副使的武义县城人何渊与郭洞村在朝任参军的赵姓家联姻，何渊之子娶赵参军之女为妻，生子名寿之。1350年，寿之长大成人，常去郭洞村外祖母家探视游玩，他深为郭洞翠嶂千重、双泉灌注、景色秀丽的风光所吸引，于是产生了迁居之意。得到祖父和父亲的同意后，寿之举家迁居郭洞，与当地其他姓氏的居民共同生活。之后，何氏家族子孙延绵，逐渐发展成为当地第一姓的大族，何姓村民占全村人口的80%，使郭洞成为一个何氏家族的血缘村落。因此，何寿之应该算是郭洞何氏家族的最早先祖，传延至今已经有600多年的历史了。

---

① 本文作者：楼庆西。

一·双泉古里

郭洞村位于浙江武义县城之南约20里处，村的东、西两面有群山夹峙，山中有宝、漳二泉，终年水流不断，汇合成溪河，自南而北贯穿全村。在这块两山夹峙的谷地上，早在宋朝（10—13世纪）就有人群在这里生活，并形成了村落。元朝中叶，时任广东按察司副使的武义县城人何渊与郭洞村在朝任参军的赵姓家联姻，何渊之子娶赵参军之女为妻，生子名寿之。1350年，

（图4-1）层峦环抱如郭，幽邃如洞，故称郭洞

（图4-2）郭洞村局部鸟瞰

（图4-3）"双泉古里"城门，位于郭下村的北头

寿之长大成人，常去郭洞村外祖母家探视游玩，他深为郭洞翠嶂千重、双泉灌注、景色秀丽的风光所吸引，于是产生了迁居之意。得到祖父和父亲的同意后，寿之举家迁居郭洞，与当地其他姓氏的居民共同生活。之后，何氏家族子孙延绵，逐渐发展成为当地第一姓的大族，何姓村民占全村人口的80%，使郭洞成为一个何氏家族的血缘村落。因此，何寿之应该算是郭洞何氏家族的最早先祖，传延至今已经有600多年的历史了。

郭洞村村名源于何处？郭洞村的何氏家族留下了一份《双泉何氏宗谱》（明万历三十七年（1609）修，历经清道光、光绪和民国年间，前后14次续修），这是今天研究和了解郭洞村历史唯一的也是最详尽的材料。宗谱里载有一篇里人何承钦撰写的《郭洞记》，写道："武，山邑也，城南二十里，林壑尤美，层峦环抱如郭，幽邃如洞，其清气上涌，分潴香洌，有双泉焉，故郭洞双泉以名。"所以，在村口城墙西门的门头上，刻有"双泉古里"四个大字。（图4-1～图4-3）

地处山地的郭洞，尽管层峦环抱，山川秀丽，却有着耕地不多的缺陷，所以除了粮食自给以外，在经济上只有向山地开发。在《郭洞记》中说："其产竹木

（图4-4） 上山打柴、砍竹是郭洞村主要的副业生产

茶笋，民赖以给。"这种状况一直延续至今，当地山上的竹与木材仍为主要的副业生产，茶叶与竹笋除村民自食外，也略有外销。总的看来，郭洞长期以来仍维持在自然经济的状态之中，商品经济未得到很大发展，百姓靠天吃饭，若无大灾之年，生活才得以温饱。不过在这种山清水秀的环境里，"人禀山川苍古之气，多有寿称"，所以村里人长寿者多。截至1997年，全村80岁以上的老人还有30多位。在1995年内死亡的16人，平均年龄为79.3岁。（图4-4～图4-6）

　　也许是郭洞的何氏先祖何寿之本

（图4-5） 走在郭洞村巷道里的耕牛

（图4-6） 在山清水秀的环境里多长寿老人

人及其祖先都是读书人的缘故，郭洞村自古重视教育，明嘉靖二十年至三十年间
（1541—1551）何氏第八代祖荆山公创办"啸竹斋"，至清康熙时改为"凤池书
院"。据不完全统计，明、清两代郭洞出了府、县秀才114名。辛亥革命后，凤池
书院改为凤池初等小学，规模更得到发展。为了使更多的族人子弟能够上学，村
里专门设了学田、儒田，并且收取儒租①，规定除了在本村求学可以免费外，还
可以资助继续到外面求学者。从1913年至1937年抗日战争开始的25年间，从本村

---

① 古代为学校设置的田产称学田或儒田，收入的田租称儒租，这种田租专供学校和学生使用。

初等小学念完后继续进县城读高等小学到毕业的学生共有113名。毕业生的名单都要敲锣打鼓地在祠堂里张贴，村民围观，以为荣事。作于明末而代代相传的一首《劝里人延师教子歌》说出了何氏家族对教育的认识：

> 书不读，礼义薄，纵有儿孙皆碌碌。若逞聪明去妄为，定损家声遭戮辱。浅通书信那得知，多开账目还难足。白昼如长夜，开睛如闭目。上流不可扳，下流甘逐逐。一代绝书香，十代无由续。漫说无科第，也难居白屋。所省修脯能几多，长大痴顽可奈何？若是稍稍伶俐人，也应怨父恨亲哥。富者要安贫要富，急须教学莫蹉跎。延访名师隆礼待，还教代代佩鸣珂。

读书才能知礼义，这是最基本的要求。书读好了可以中科举入仕途，高官厚禄，光宗耀祖，这才是族人的最高理想。要把教育办好，首先要"延访名师隆礼待"。凤池书院、小学的历任校长都是学问好、品格高的读书人，他们在村里当属于受尊重、有威望的文人了。

传统思想和行为规范的宣扬，不仅依靠学校，还通过祠堂祭祖、宗教信仰、红白喜事、年节庆典等各种活动在进行。

在何氏家族的《双泉何氏宗谱》里除了有详细的氏族历代世系图和姓名外，谱写历代主要先祖个人行传的"闻书录"和记录历史上重要事迹的"征文录"占了很大部分。在宗谱中，介绍先祖个人和记述事迹时往往是边叙边议的，是加进了撰写者的评论的。在《重修宗谱闻书小引》中有"国史固寓褒贬，家乘亦示劝惩"的说法，可见这些议论、记叙是褒贬分明、劝惩有别的。正是透过这些褒贬与劝惩的事例，使我们认识了古时何氏家族的道德观和文化观。

在大量后代为祖先的立传和对父辈的祝寿献辞中，我们都看到对先辈们的赞誉之词，称颂他们在外报国君之忠，在家事父母之孝。宗谱"闾书录"的《旌孝云凤小记》中描述云凤：

父病危笃，医百方无效，至夜静，沐浴焚香，对天密祷，割股肉片许，和药以进，父服之即愈。其刻苦爱亲，实有出于中心之诚，非以要誉也。有司旌其门曰孝子。

割肉和药，是否真能服之即愈，可以不去考究，但在这里，家族是为后世族人树立了一个孝子的榜样，因为在古时忠孝乃国之大德。

郭洞村每年都要在祠堂里举行隆重的祭祖仪式。春节过后，元宵节前，还有盛大的迎神活动。村里建有海麟院、文昌阁、禹王庙、玄武庙等几座寺庙，供奉着上自观音菩萨下至民间救星的各路神仙。祠堂、庙宇以及在这些建筑内举行的各种祭祀活动，都是郭洞村传统文化的表现。

忠孝仁义、勤俭持家、乐善好施、祭祖拜佛，组成了古时郭洞村人的上层建筑，表现了当时当地人的意识形态和道德规范。任何一个社会为了求得它的稳定与发展，都会有与它相应的上层建筑，从思想到行为都有符合于这个社会利益的规范，否则必将导致社会的混乱。郭洞村的文化也正是整个古代中国封建社会文化的缩影。

二·选址与规划

    600多年前，何氏祖先何寿之之所以决定迁居郭洞村，正是看中了这块土地的理想环境。根据《双泉何氏宗谱》卷末"征文录"中记载：

    郭洞去邑城二十余里，自邑南望，重山复岭，迤逦杂沓，苍翠满眼，已令人应接不暇。愈进则愈奇，愈奇则愈秀，不数里而山环水抱，仅容一线。进此地，复加旷，双泉汇注其间，或泉以东，或泉以西，其西者称上宅，其东者称下宅。

    时至今日，郭洞仍旧保持着当年的环境风貌。由武义县城往南行，以前有两条通路可以来到郭洞，一条是经双路亭、和尚桥、石苍岭到洪桥头；另一条是经下岭头到洪桥头。过了洪桥头就进入了两边有山的山谷之地，由北往南，两侧山脉连绵不断，并且山岭也越来越高，由南面山头的海拔130米，进而升到190米、220米、370米，直到北头山峰的380米。两山之下，分别有东面的宝泉和西面的漳泉两股山泉之水，终年不断，汇合成溪河，自南而下。先人们正是在"山环水抱……复加旷"的两块旷地建立下两个村落。北面一块南北长约500米，东西约250米，位于溪河之东，称郭下村（即下宅）；南面一块面积略小于郭下，位于溪河之西，称郭上村（即上宅）。两村相邻，头尾相接。在这里，两山之间的平地及山脚丘陵可作耕田，由于有河水灌溉，一年可种两季水稻；溪水长流可供生活之需；两山林木昌盛，不仅可作薪火燃料，也可调节气候，使冬不过寒而夏免

酷暑。几百年来，何氏祖宗、先人就是在这块宝地上生生不息，子孙延绵直到如今。（图4-7～图4-9）

（图4-7） 自郭洞村北望，几道关口雄峙于村外，紧锁村头

沈店村

中水口

鳌峰塔

小水口

宝泉寺

郭下村

抱弄坑水库

郭上村

大湾村

大湾水库

（图4-8） 郭洞村及其外围地形图

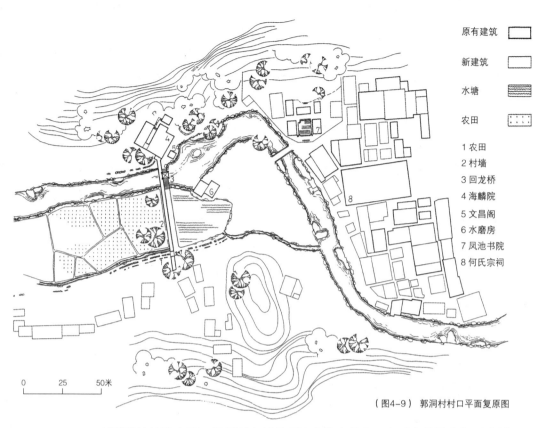

原有建筑 ▢
新建筑 ▢
水塘 ▦
农田 ▦

1 农田
2 村墙
3 回龙桥
4 海麟院
5 文昌阁
6 水磨房
7 凤池书院
8 何氏宗祠

0   25   50米

（图4-9） 郭洞村村口平面复原图

村落的地址选定后，还需要在村外环境上着意经营。自武义县城南行至洪桥头即进入到两侧山脉夹峙的盆地，古人在这条通向郭下村的山间路上经营了三道关口。第一道关口是在过洪桥头约4华里处，西边有少卿山，东边有横店后山，二者形成对峙。第二道关口是在直柳山，它与对面东边的李珠东山也形成对峙局面。第三道关口就是在郭下村口，即东山、西山相距很近的地方。因为这三道关口都是两边有山对峙，所以古人将这两山都比作狮子和象，称为"狮象把门"。

狮子俗称兽中之王，性凶猛，所以它的形象多用在重要建筑的大门两旁，一雄一雌，起着卫护建筑入口的作用，同时也增添了建筑的威势。象属哺乳动物，性虽温驯，但力大，它的门牙更属于贵重的材料，多用来制作高贵工艺品。自古以来象即作为尊贵、有力量的象征，古代的象尊就是用大象形象作装饰的酒器，《周礼·春官·司尊彝》中即有"其再献用象尊"的记载。清朝铜制象尊是用来在太庙中祭祀祖先的祭器，所以都是一种高贵的礼器。从这些古代的习俗中，我们不难明白为什么要将村子前面的关口称之为"狮象把门"。其实单从山的形象上看，它们并不都真的像狮子和大象，而是采取狮子的凶猛与大象的高贵和有力，起到卫护村落、保村民平安的象征性作用。

对于这三道进入郭洞的关口，除了自然山势形成的环境以外，有时还要经过人工的塑造。进村的第二道口西边的直柳山，海拔195米，在邻近的地段也算得上是异峰突起了。据宗谱记载，清乾隆四十三年（1778）郭洞恩贡生何元启在村外游览，忽见此山峰如鳌鱼之首入水贪石，惊叹不已，遂寻路而上至山峰之顶，认为可筑塔于此山之巅。回来后即筹资聘匠，于是年二月十六日动工，至同年闰六月八日完工，不满五个月即建成。元启亲笔书写"鳌峰崛起"四字嵌于塔之第一层，故称此塔为"鳌峰塔"。塔身不大，只有三层，六面形，但地势险要，后人登山临塔，但见"群峦奔赴，绮陌交错，涧壑会注，竹幽树菁，烟缭云曳，远近万状，目不能逮。噫！是塔也，足以收全邑之胜"（《坛石头塔记》）。鳌峰塔不但能饱览远近山川之景，而且它本身又起着十分重要的点景作用，矗立于直柳山巅，成为进郭洞的标志。这个以塔为标志的关口，在历史上也真的起到把守郭洞的关口作用。据宗谱记载，几次贼兵来犯，都曾遇阻于塔下。清咸丰十一年（1861），郭洞村民战胜来犯之太平军，有诗曰："桥头固守个人垒，塔顶观兵一将台。可笑贼徒空费力，此身遗臭委蒿莱。"又有诗称颂村民何老高："争先杀贼志何郎，塔下相持作战场。"当年在鳌峰塔御敌有功的村民回村时都家室相庆，被迎到祠堂以酒食相待。（图4-10）

以农业为基础的自然经济，以何姓为绝大多数的氏族村民，决定了郭洞是一个依血缘关系聚居的村落。它和中国其他地区的血缘村落一样，全村的建筑都是以这个村主姓的宗祠为核心而规划和布置的。以郭下村为例，何氏家族的宗祠分为两个层次，第一是全村何姓的总祠堂，第二是何氏家族几个分支的支祠堂，在当地称为"厅"。在郭下村有前宅厅、屋下厅内厅、中厅四个厅堂。在全村总规划上，将总祠堂何氏宗祠放在全村的主要位置，靠近村口的北头，坐北朝南。四个厅分布在总祠堂的南面。村民即按各个分支围绕着自己的厅建造住宅，大部分住宅都和总祠堂一样朝向南方，只有少量住宅因利用山脚坡地和顺沿河岸走势而

（图4-10） 鳌峰塔

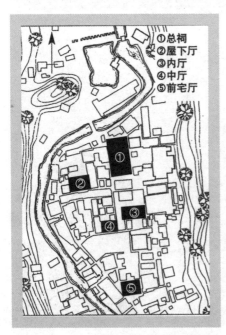

采取了非南北的朝向。村中道路以厅堂前的横街为主，在南北方向也有两条主要街巷贯穿全村，形成一个井然有序的东西、南北的街道网络。另外在村的东部均匀地设有七口水井，这些水井一方面可供给村民较清洁的食用水，同时又可作为距离河水较远的村东部房屋的救火用水。到了清末民初；这种按氏族房派分段分区居住的现象由于各房派家境的变迁，买卖了祖屋或新建了房屋而有所变化，但整个郭下村按血缘聚落而形成的格局并没有发生变化，且一直保存至今。

位于郭下村南面的郭上村，是何氏族人移居至原漳村故地而形成的，郭洞两股泉水之一的漳泉即发源于这里。再往南的大湾，也是何氏族人移居过去而建立的一个小村。它们都位于东、西两山中间的"加旷"地，都邻近溪河，两个村的规划也是血缘村落的常见形式。除了何姓的总祠堂设在郭下村外，两个村也各有房派分支的分祠作为村的中心，房屋围绕厅屋而建。村落选在有山有水的地方，规模不大，村民有邻近的农田可耕，有山可依，有水可用，自给自足，生生息息，子孙延绵，只要没有外界的侵扰，几百年能延续下来就不是奇怪的事了。（图4-11～图4-12）

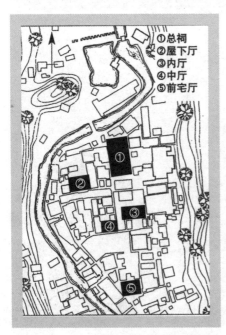

① 总祠
② 屋下厅
③ 内厅
④ 中厅
⑤ 前宅厅

（图4-11）郭下村的祠堂分布

（图4-12）郭洞村的巷道

三·住宅形制

在乡村，尽管祠堂、寺庙占有重要的位置，但就建筑数量及所占面积来看，住宅还是最多的。郭洞村和许多血缘村落一样，村里的住宅是按照宗族的房派围绕着各派祠堂而建造的。在郭下村，作为氏族分派的小祠堂、屋下厅、内厅、中厅和前宅厅各踞一方，所以各派的住宅分布得也较均匀，只是由于经济状况和其他因素的变化而产生了贫富的分化，原来住宅的主人有些已经变动，这种按房派居住的情况已经逐步淡化了。（图4-13）

郭洞住宅的类型有以下几种：

■ 三合院

这是郭洞住宅最主要的形式。它的基本形制是由数间正房和两旁的厢房及前面的院墙围合成三合院，按正房的间数和厢房间数来分大小，如五间四厢、三间两厢之类。郭下村的凡豫堂（俗称"新屋里"）是这种类型的代表。

凡豫堂初建于明末崇祯年间（1628－1644），为族人何士珩

（图4-13）住宅的屋顶

的私宅，位于何氏宗祠的东面。该堂平面为前后三进的三合院，第一进是五间四厢，第二进为五间两厢，第三进为五间无厢房。它的大门设在西南角，进门向东是大门道，道南是一间门房和三开间书房，专供主人和儿孙读书用。道北照壁正中是住宅的二道门，进二道门到首进院子。院北是五开间正房，左右各有两间厢房，正房居中一间称中堂，是主人日常起居和待客之地。中堂又用屏门分出前后部分，以避免堂后墙中央门的显露。中堂左右两间称"大房"，按昭穆之制，左为家长卧室，右为长子卧室。外侧两间称"继二房"，为儿孙辈卧室。再往外左右设楼梯间，这种专供交通的小间称为"弄"。如果家庭人口再多，则住在两旁厢房内。第二进正房五间，中央一间称"香火间"，前面隔出一小间，内设供桌，有祖宗牌位和神位供家庭拜祭。左右四间，均作内眷居室。第三进的五间房作杂物间和仆人住房。三进房屋皆有楼上层，第一进正房楼上居中的一间或三间通敞，称"楼上厅"，为主人宴请客人的地方。左右厢房是未出嫁成年女儿的住房。其他两进的楼层作贮粮、存物等用处。除这三进的三合院外，在第一进的东侧有一个偏院，这里主要是厨房和杂物间。偏院有门通往第一进正房廊下，但仆人挑水或购物只能从大门进来后通过门道，经披屋入厨房，不得进二道门穿行。宅主何士珩几代家境富裕，资产颇丰，他本人也是在州府里读书的庠生，所以才建造得起这样前后三进院落的讲究住宅。这座凡豫堂传到20世纪初的子孙手里，由于家境渐困而大部分被变卖，只保留了一间大房、两间厢房和一间门房及相应的伙房，算是不肖子孙给祖宗留下一点面子。

凡豫堂是全村最大的三合院住宅，其余大多为一进或两进，平面以五间两厢的为多数，最简单的也有三间两厢的。（图4-14～图4-19）

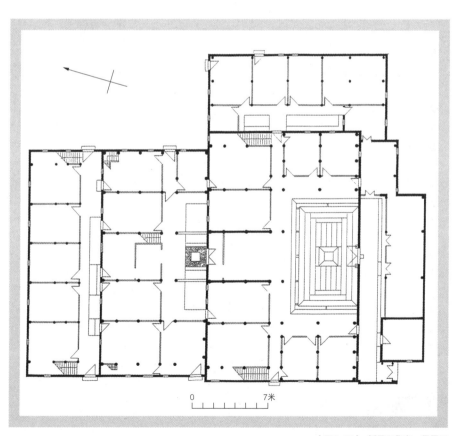

0   7米

（图4-14）新屋里住宅一层平面

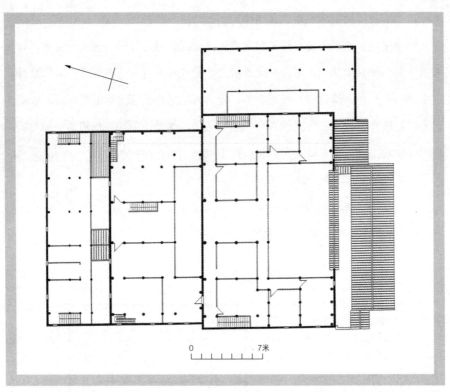

0　　　　　　7米

（图4-15）　新屋里住宅二层平面

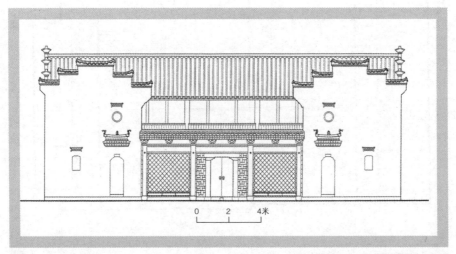

0　2　　4米

（图4-16）　新屋里住宅正立面

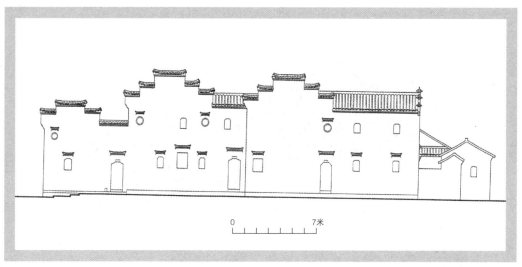

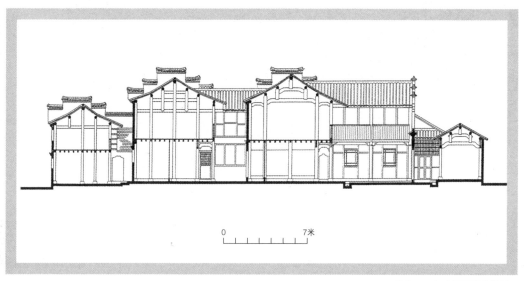

（图4-17） 新屋里住宅侧立面

0　　　　　7米

（图4-18） 新屋里住宅纵剖面

0　　　　　7米

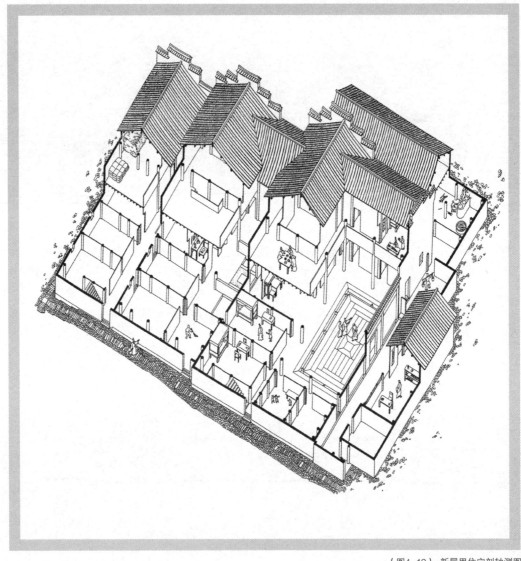

（图4-19） 新屋里住宅剖轴测图

　　有一处例外就是郭上村的萃华堂，它是村里唯一的"三间八厢"式三合院。

普通三合院都是正房前面两侧伸出厢房，而萃华堂却是两边厢房夹着中间的正

房。（图4-20～图4-21）

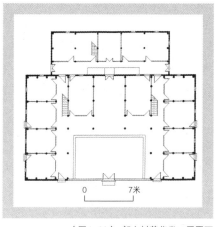

（图4-20）郭上村萃华堂一层平面

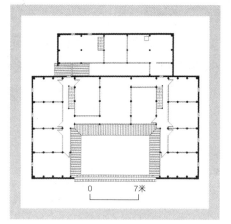

（图4-21）郭上村萃华堂二层平面

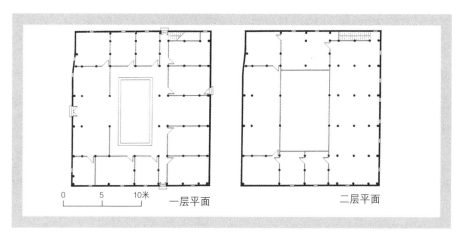

一层平面 二层平面

（图4-22）郭下村顾贤堂一层平面、二层平面

■ 四合院

把三合院前面的院墙改为门廊或者房间，留出中央开间做门道，就成了四
合院的形式，比如郭下村的顾贤堂。它与北方四合院不同的是，四周房间皆为楼
层，中间围成的院子比较窄小而成为天井了。这种形式既节约用地又保持阴凉，
适合于我国南方地少人多和夏季气候炎热的情况。（图4-22）

■ "一字形"屋

这是郭洞最早期也是最简单的住宅形式。一幢住宅少者三间，多者五七间。一边或两侧设楼梯，每间供一户居住。前面没有院墙，各户直接对外，所以住宅多与街巷平行。"一字形"住宅占地少、密度高，多为贫困的农家居住。（图4-23）

■ 变异型

这是指在三合院住宅的基础上，限于不同的地势或者其他原因而产生的形式。

例如郭下村的慎德堂，它由南北两个小三合院合成。原来基地北面完整而南面不完整，为了维持住宅的方整，所以将正房建于北面，组成朝南的三间两厢。在南面不规则的地基上只能修造伙房和杂物间。为了保持三合院的完整，避免正房与伙房照面，特别在中央建了一道照壁。照壁左右开小门相通，形成了两个三合院对接的形式，实际上是一幢慎德堂的两个部分。日后由于家境渐寒，主人将北部正房卖出，自己迁到南部杂物间居住，于是将照壁门堵死，成了两家三合院住宅。（图4-24）

郭下村"屋下厅"后面的管子仁宅，由于基地狭窄，正房前两厢成为很小的杂物间，天井也成为进深不到两米的狭长条了。位于河边的何良法宅，由于宅前有街巷，房屋基地不完整，只好把住宅建成五间一厢缺一角的形式。但是恰恰在这两处形式不完整的小型住宅里都有着较讲究的装修。照壁磨砖对缝，还附有砖雕，室内门窗都有精美的木雕，只要主人经济上有条件，工匠总可以发挥他们的才能，将住宅建造和装修得十分得体而舒适。

总体而论，以郭下村现存的42座老住宅统计，"一字形"住宅占30%，三合院住宅占60%，其他形制占10%。"一字形"住宅是最初和最简陋的形式，它之所以仍然占着30%的比例，说明郭洞村经济始终没有得到很大的发展，何氏家族的部分族人始终没有脱离贫困的境地。三合院住宅是在"一字形"住宅的基础上发展而来的，它成为村里最大量的住宅类型是很自然的事。

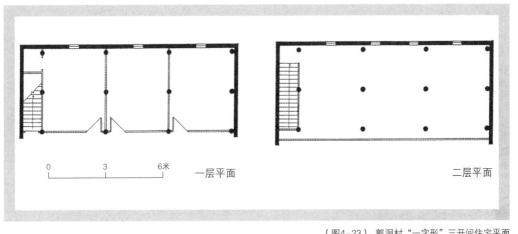

0　　　　3　　　　6米　　　一层平面　　　　　　　　　　二层平面

（图4-23）　郭洞村"一字形"三开间住宅平面

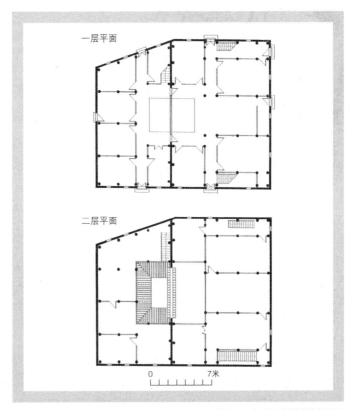

一层平面

二层平面

0　　　　　　7米

（图4-24）　郭下村慎德堂平面图

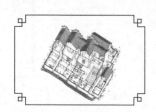

四·住宅装饰

在中国古代，建筑除了要满足物质的功能以外，还要满足人们的精神需求。但是建筑是一种具有实用价值的实体和空间，它和绘画、雕塑不同，不能任意地进行涂绘和雕琢，所以人们所要求的那种意识形态的表现在很大程度上多依靠建筑上的装饰。这种要求越高、越具体，那么装饰也越多、越繁复。这种现象不仅表现在皇家的宫殿、陵墓、坛庙和园林上，表现在寺庙和文人园林里，同时也表现在住宅上，这就是乡村住宅上有不少装饰的原因。当然，这些装饰多表现在乡村的地主、财主等具有经济实力的殷实人家，那些贫困户的"一字形"住房上是很少能见到这些装饰的。

■ 凡豫堂住宅的装饰

凡豫堂住宅在郭下村首屈一指，自然在装饰上也是最讲究的。头道大门不是住宅最主要的门，因此规模不大，只用四根立柱上面安着两坡顶，中央立门扇，但在屋檐下却用了有木雕装饰的牛腿和斗栱。院内的二道门是这座住宅的主要入口，在两侧厢房山墙的中间用砖砌出整面照壁。照壁分为三间，中间安两扇大门，门上面的枋子和墙下面都有条状砖雕作装饰，整座照壁下的基石层上也有石雕，墙头是用砖做出的斗栱、两层椽子和瓦顶，使照壁整体造型完整而华丽。在左右的两面山墙上各有一道侧门直通厢房廊下，在门的上方和门上面及旁边的小窗上方都有砖雕出的檐口。这些门、窗上的装饰虽简单几笔，但在原来是白粉的墙上显得十分醒目。山墙上是跌落式的墙头，用瓦脊封顶，每一段的两头都微微起翘，使大面山墙避免了呆板而显得富有生气。（图4-25～图4-26）

（图4-25）新屋里大门牛腿

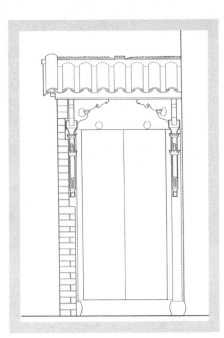

（图4-26）新屋里大门立面图

　　进二道门，迎面的天井里全部用条石铺砌。正房和厢房都有檐廊，每一开间的立柱和横梁交接处都有雕着木刻的雀替。廊内各个开间的窗上都安有木雕的窗罩，里面有可以启闭的窗扇。檐廊的上方，柱间设短梁，梁皆做成月梁形。与柱交接处也有雕花的雀替。梁面上有曲线刻纹，梁的背上与二层楼板之间的空隙也加了花板作装饰。总之，站在第一进院子的天井里环顾四周，无论是柱间、梁下、门窗、柱础都可以看到不同的装饰。（图4-27～图4-31）

　　正房正中的中堂和楼上厅，是住宅中最重要的房间，是一家聚集和接待客人的地方。中堂左右的墙与其他房间不同，特别用砖筑造，磨砖对缝整齐的墙面充实在木柱之间，墙下还有用雕花预制砖拼砌的墙脚。中堂和楼上厅顶上的木梁下都有百鸟花卉的木雕。（图4-27～图4-35）

（图4-27）　新屋里二道大门上的砖雕

（图4-28）　新屋里二道大门墙基的砖雕

（图4-29） 新屋里二道大门墙基的砖雕

（图4-30） 新屋里侧门上的装饰

（图4-31） 新屋里山墙上的圆窗

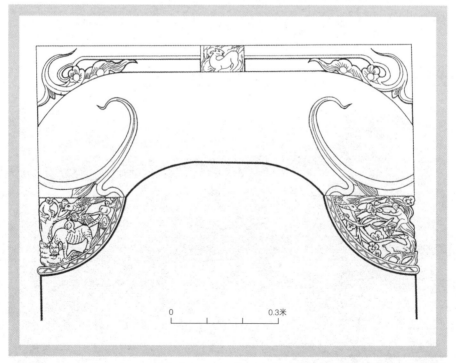

0　　　　　　　0.3米

（图4-32） 新屋里堂屋月梁木雕大样

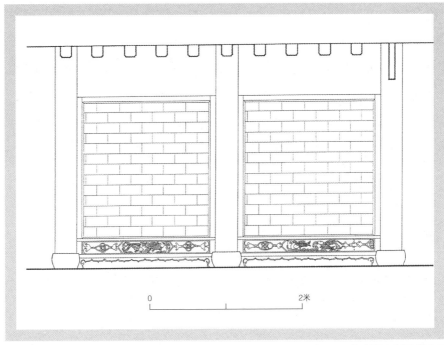

（图4-33） 新屋里堂屋侧墙立面

（图4-34） 新屋里堂屋墙基装饰

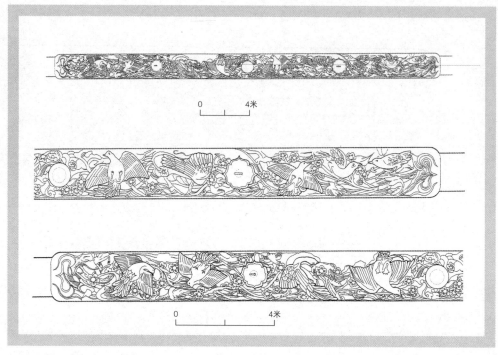

（图4-35） 新屋里堂屋正梁木雕大样

在第二进和第三进的正房厢房上，在柱头梁下，门窗各处也有装饰，但它们比起第一进，数量要少，内容也简单多了。

■ 装饰的内容

在中国古代建筑的装饰里，我们经常看到许多动物、植物和人物的题材，也可以见到一些建筑中的亭台楼阁和器皿，以及形式多样的几何形纹样。既然建筑要依靠这些装饰来表现一定的思想内容，那么就需要这些动植物都能表达或者代表着某些特定的人文内容。长期的历史传统经验和大量的实践告诉我们，这种人文内容都是依靠象征、寓意、比拟的手法来表达的，这种象征意味是根据这些动物、植物、器皿的生态、形态，甚至于它们的名称而产生的。

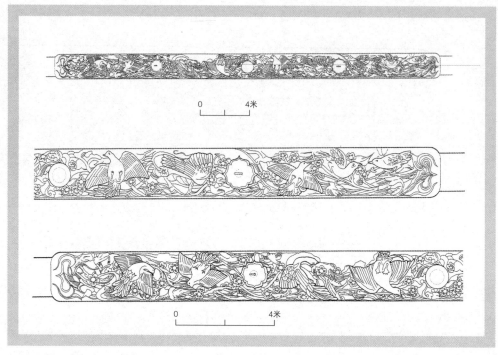

例如龙，在古代它代表着封建皇帝，但同时龙又是中华民族自古以来的图腾象征，炎黄子孙都被称为龙的传人。龙是神兽，它可以上天，又可以入地，威力无比，法术无边，成了力量、尊严的象征。凤凰是鸟中之王，也是一种瑞禽，既象征着皇后，又有吉祥、富贵之寓意，所以才有龙飞凤舞、龙凤呈祥的比喻。狮子和老虎都是兽中之王，生性凶猛有力，就成了威力、吉庆、欢乐的象征。鱼有多子的寓意，同时鱼与"余"同音，所以又有"富富裕裕"的含义。这种利用同音的比拟方法称为"谐音"比拟。正因为如此，长得其貌不扬、专在夜间活动不见天日的蝙蝠才成了建筑装饰中常见之物。因为蝠与"福"是谐音。鹿不但性格温和而且与"禄"谐音。百鸟既活泼、富有生气，又喜春，所以也是装饰中常用的题材。（图4-36）

植物也是如此。松、竹、梅一向被文人称为"岁寒三友"，乃植物中的高品，具有人格力量的内涵。同样，兰、菊亦有高洁之意。牡丹乃富贵之花，石榴、莲蓬多子，荷花出污泥而不染乃君子也。在郭上村一所住宅里的花窗上，中央是回纹组成的格子纹，两旁各有一幅木刻画，左边是青竹数株，右边是兰花几枝，并各配诗句，表现出主人的情趣与追求。（图4-37～图4-38）

在郭洞村的住宅中，无论在梁上、牛腿①、雀替、门窗的木雕以及砖雕、石雕中，都可以看到各种动物、植物、器皿以及几何纹的内容。它们独立地或者几种被组合地用在一起，成为具有一定含义的装饰题材，而其中用得比较多的是动物中的鸟、鱼、龙、鹿和植物中的兰花、菊花和竹子等。（图4-39）

---

① 带有雕饰的斜撑构件。

（图4-36） 新屋里
槅扇窗上的鱼雕装饰

（图4-37）"兰花"木雕　　　　（图4-38）"竹子"木雕

（图4-39） 几何纹木雕

　　在凡豫堂住宅二道大门头上的横梁上，左右雕有两只飞翔在花叶丛中的凤凰，中间有一圆形太阳，组成一幅"双凤朝阳"的画面。在头道正屋左右大房的窗上，上下左右周围八块木雕板上，全都雕的是花与鸟。几十只鸟有的在花丛叶间鸣叫，有的嬉戏于亭廊之中，姿态各异，生趣盎然。在中堂和楼上厅的正梁上也雕的是群鸟花卉图，有趣的是在廊下的雀替里也多为花鸟的组合。一种题材反复地出现在住宅的各个部分，而且还都处在重要的装饰部位，这自然不是偶然的现象，它反映出住宅主人的一种追求和情趣。鸟鸣花开，一片春意，其中还有几幅是喜鹊嬉戏于梅花间，寓意着"喜上眉梢"。（图4-40）

　　还是在这座凡豫堂的正厅和楼上厅的大梁上雕着鱼群游于水中，当地称做"百鱼梁"。在正面两厢主要的窗子上，也是雕着鱼。在一块不到30厘米的木雕里，竟雕有七条大鲤鱼聚游在水草间。其中另有一幅鲤鱼跳龙门的景象，下面是几条鱼，上面是一条龙。鱼既多子又寓意富裕、绰绰有余，鱼越多越好，所以才有"百鱼梁"的出现。而鲤鱼跳龙门则更象征着主人的一步登天，不是财源滚滚，就是步入仕途，高官厚禄。（图4-41）

　　龙既成了皇帝的象征，所以朝廷规定除了皇家建筑外，其他建筑不许用龙作装饰，更不用说在一般民间建筑上了。但是龙又早已是整个中华民族的象征，民间除了依然在年节耍龙灯、赛龙舟外，还千方百计地在自己的建筑上用龙作装饰。在实践中，聪明的工匠为了不触犯朝廷规定，创造了多种似龙非龙，却仍是龙的形象。常见的有龙的头，回纹作龙身，因为回纹拐来拐去的，所以称为拐子龙；龙的头，卷草纹作龙身，称做"草龙"。这种拐子龙和草龙在郭洞村的许多住宅上都能见到，在梁上、窗花上、雀替上都有出现。在一座住宅中堂的梁底面上，居然发现一幅完整的龙的图像，梁上左右各雕着两条完整的龙，它们的形象和北京紫禁城宫殿梁上和玺彩画①上的龙形十分相像。龙身舒展，仿佛向前游动，在宫殿建筑上称之为"行龙"。中央的两条龙之间有一颗宝珠，组成一幅四龙戏珠的场景。这种现象在住宅中还很少见，只能说是天高皇帝远，胆大包天了。（图4-42～图4-43）

（图4-40）　"双凤朝阳"木雕

（图4-41）　新屋里槅扇窗
上的"鲤鱼跳龙门"木雕

---

　　① 清代彩画中级别最高的一种彩画，主要特征是在彩画中用金色的龙作装饰纹样，金龙在彩画中闪闪发光，既高贵又华丽。

（图4-42） 新屋里槁扇窗上的"鱼龙"木雕

（图4-43） "拐子龙"木雕

■ 装饰的分布

这里讲的分布包含着两层意思，其一是在一座住宅里，装饰的分布状况；其二是在一副构件上，例如一扇门或窗上、一座墙上装饰的分布。

还是让我们到凡豫堂看一下装饰的分布上具有些什么值得注意的现象。

凡豫堂的正房、厢房上都有木窗，这些窗上都带有木雕的装饰。第一进正房的木窗高1.29米，宽1.4米，略呈方形。中央部分是由万字纹①组成的花纹，这种万字纹相互连接，到四边不作完整结束的花纹，称为"万字不到头"，是装饰中经常用的，有吉祥无边的象征意义。在花格正中有一圆形木雕，里面雕的是神童骑麒麟。木窗的上部两旁各有一幅花鸟木雕。木窗的下部并列着四幅木雕，内容都是鸟群嬉戏于花草和亭子间的图案。这座充满着鸟群花卉、春意盎然的木雕窗在正房的屋檐下显得十分华丽，成为凡豫堂第一进的视觉重心。第二进正房的木窗高1.2米，宽1.4米，比第一进的略小。这座木窗的中央是用木条组成的几何形图案。窗的上方有些套圆、套方和圆形草龙纹装饰，两侧分作上下两块，只用讹角长方形木条作装饰。第三进正房的窗宽2.1米，高1.4米，呈扁长形，整扇窗只用竖木条和横串分隔，无木雕装饰。从这三进正房的窗上装饰可以明显看到，随着房间的地位和重要性的不同，一进比一进简单。而在住宅头道门内的书房，它的窗却是另一种形式。在开间的两根立柱之间，下部用砖筑槛墙，墙上全部安木窗，分作左右三个部分。中央为可以开关的窗户，窗扇上下为绦环板，上有木雕装饰。中心为横竖条格。左右两侧窗为不能开启的死窗，亦作横竖条纹。窗上糊白纸，疏朗的深色条纹衬托着白纸，显出一副素雅的书卷气。（图4-44～图4-51）

---

① 即装饰纹样的"卍"纹，为佛教艺术的装饰纹样，蕴涵吉祥之意。在唐代时将"卍"音之为"万"，蕴涵吉祥万德之意。

（图4-44） 新屋里第一进正房窗立面

（图4-45） 新屋里第一进正房窗槅扇上的花鸟木雕【一】

（图4-46） 新屋里第一进正房窗槅扇上的花鸟木雕【二】

（图4-47） 新屋里第一进正房窗槅扇上的花鸟木雕【三】

（图4-48） 新屋里第一进正房窗槅扇上的花鸟木雕【四】

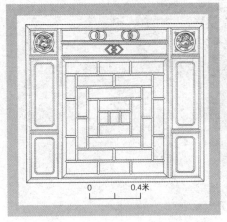

（图4-49） 新屋里第二进正房窗立面

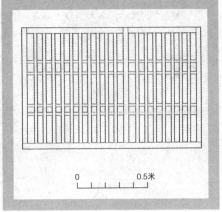

（图4-50） 新屋里书房窗立面

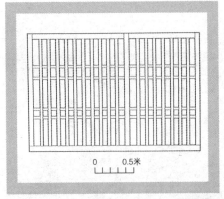

（图4-51） 新屋里第三进正房窗立面

如果我们将视线注意到一扇窗户上的装饰，也可以看到装饰的分布是有讲究的。凡豫堂头进正房木窗的下部，也就是最接近人的视点部分，用的装饰最仔细，内容多，雕法细，层次多；而在窗的上部距离人眼睛比较远的部分，装饰也就相应地简化。这种处理在许多门窗上都能见到。

郭上村的一所住宅里，在天井两边的厢房上各有一扇装饰得十分讲究的窗户。中央是可以开启的窗扇，窗扇上下有绦环板①，上面雕的是一只在花草中的蝙蝠，窗心部分已毁，不知原来是什么装饰。窗上横眉雕着四幅"喜上眉梢"（喜鹊与梅花）；窗下有一整块花板，用回纹组成对

---

① 隔扇上相邻两抹头之间的小面积隔板。

称的图案，中央是在果树下的三只梅花鹿，在回纹中间也都用花草作装饰，雕工很细，它的高度正相当于普通人的视点。窗户的两边在实心板上刻出"庭前瑞至花舒锦；户外春来鸟奏歌"的对联，在一座雕花窗上表现出主人所追求的情趣。（图4-52）

并不是所有窗户都有这么复杂的装饰。在郭上、郭下两个村子里的不少住宅里，都可以发现有完全用几何纹样作装饰的窗户。主要部分用"万字不到头"的格纹，两旁用花瓣图案纹，只在下面的两角和中央的节点上用了草龙作点缀，整扇窗户也显得很华丽。还有简单的窗户，大面积的万字纹充满扇窗，只有上面用了三小块拐子龙作重点装饰。更有简洁的，窗户用水平横条划分，中央用回纹块相隔，窗上部分用几何纹样，在上、下部分之间用了两小块装饰，上面雕着一条小拐子龙，在素洁的窗户上真成了点睛之笔。（图4-53）

（图4-52） 郭上村某住宅内的窗槅扇

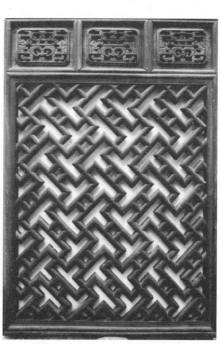

（图4-53） "万字不到头"格纹

■ 装饰风格

由于郭洞住宅上的装饰绝大部分为木雕，所以这里讲的装饰风格只是指木雕装饰风格。郭洞村有一位远近闻名的木匠——楼伟德，他出身于一个木匠世家，根据他的自述可以将他的家世列表如下。

称谓	姓名	职业	生平
曾祖父	楼某某	东阳木匠	生子三人，死后由妻带至郭洞，一子楼林发留郭洞，一子夭折，一子回东阳
祖父	楼林发	郭洞木匠	精于大小木作，生子三人，楼尚有留郭洞，一子当兵不回，一子回东阳
父亲	楼尚有	郭洞木匠	生两儿一女，自己精于大小木作，亦能做木雕，回过东阳取经
本人	楼伟德	郭洞木匠	生子三人，皆为木匠
儿子	楼某某 楼某某	郭洞木匠	除能做传统木工活外，也学习现代家具、装修工艺，可进行现代家具的设计和制作

东阳是全国有名的木雕之乡，东阳、武义同属浙江金华府，地区的贴近，加上家族的世袭，楼氏一家的木工手艺当属东阳体系是无疑的了。这种东阳体系的木雕装饰在风格上有些什么特点呢？由于材料的有限，还无法与其他地区如安徽的徽雕、江苏苏州的苏雕、山西雕塑相比较，但把它与北方官式建筑的装饰雕刻相比，它的特点还是很明显的。

特点之一是装饰构件在很大程度上保持着原始的形态。郭洞住宅，无论是正房还是厢房，在前面都有一条檐廊，在檐廊的立柱和横梁的交接处，都有一种称为雀替的构件。雀替的产生有一个过程，在早期的建筑上，可以见到在柱头上放了一段不长的横木托住横梁，它的作用是可以减少横梁的跨度和减小梁端的剪力，这段横木称为"替木"。后来在替木之下又加了一攒斗栱，伸出柱头托住替木。这种替木和斗栱相组合的构件逐渐地成为一种装饰，合称为"雀替"。经过各种形式的雀替不断地融合、发展，用到官式建筑上已经形成了固定的形式，虽然仍有斗栱和替木，但它们已经融合为一个完整的外形，甚至连里面的装饰花纹都相对固定了。但是在郭洞村住宅上的雀替却仍然保持着原始的形态，仍然分成斗栱和替木两个部分。为了表现住宅主人的情趣与追求，雀替成了木雕装饰的重点部位，狮子、猿猴、仙鹤、仙草、喜鹊、梅花组合成富有象征意义的画面。它们依附在替木和斗栱上，但又不完全受构件形式的限制。飞鸟展翅于斗栱之外，卷草翻悬于替木之下，生动而且自然。一种装饰构件的程式化，尽管在造型上比较能够保持质量，在制作上也较为方便，但往往也因而失去了原始形态的那种生动与活泼。（图4-54～图4-55）

　　特点之二是在装饰构件的形态上，在装饰内容的题材、组合上不拘一格，比较自由。官式建筑上为了支撑屋顶的出檐，在檐下用一组组挑出的斗栱。斗栱又随着建筑的等级而分出大小、繁简的不同，并且形成制度。但是在民间建筑上，多用比斗栱简得多的斜撑来支托住屋檐。这种称为"牛腿"的斜撑在郭洞村住

（图4-54）雀替

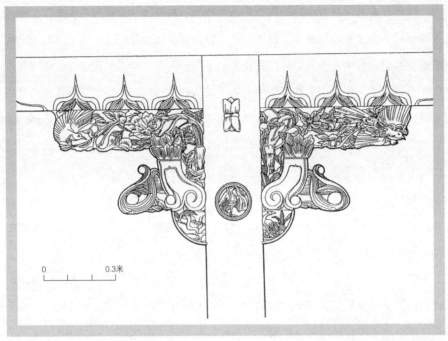

宅里形式多样，装饰题材也十分丰富。复杂的牛腿有一个较为完整的外形，上大下小，略呈倒三角形，由回纹等围合，里面雕着狮子、鹿、仙鹤以及各种植物花卉。一般的牛腿则用卷草纹组成外形，里面雕刻着各种植物花叶。简单的牛腿可以只是一根斜撑木，这撑木加工成弯曲的植物茎秆，上面附有花草，形态自然而且美观。在装饰题材的组合上也没有一定之规，狮子、猴子、鹿、鹊没有高低之分。有时鹿很大，狮子很小，有的在叶子上长出茎秆，茎上又开出花朵。它们只根据造型的需要，并不受植物自然生态规律的限制，这就是我国民间艺人在造型艺术创作上主张的"花无正果，热闹为先"。东阳木雕作为一种地方工艺，正是深深扎根于民间艺术的土壤之中，因而这种具有浪漫主义特点的创作风格自然表现得很充分。（图4-56～图4-58）

（图4-56） 梁枋和牛腿上的雕饰

（图4-57） 牛腿雕饰

（图4-58） 牛腿雕饰

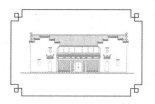

五·住宅的现状

为满足人类不同物质生活和精神生活需要而产生的建筑，它们的形式自然会有不同，但是作为一个物质空间，它们却又具有比较大的可容性。一座祠堂的功能是在里面祭祀祖先，迎神唱戏，但是也可以把它当做学校，粮仓，甚至分隔成小间作住宅。作为专门的住宅可以从明、清住到民国，住到新中国成立以后。社会制度的改变并不直接影响到住宅形式的改变，而经济状况的改变、人们生活水平的提高倒是会导致住宅的变化。这种现象在郭洞村也是如此。地处山区的郭洞人，祖祖辈辈依水而居，靠山而活，经济始终没有得到很大的发展，一直到改革开放以后，村里的生产和生活才发生了大变化。人们不满足于眼下的农耕生产，开始搞竹木生产了，开始培植蘑菇投入市场，年轻人走出山沟外出打工、经商寻找新的生活去了。经济的富裕和生活价值观的变化都直接影响到住宅。村里盖起了新的住房，而且都不愿维持老的形式。几层的楼房、宽亮的玻璃窗、墙上的贴面砖成了新生活的象征，成了显示富裕的手段。而对于那些经济力量还不足以建造新房的村民来说，为了改善自己的生活环境，最现实的办法就是改造老的住宅。

在郭洞村，这种对老住宅的改造主要有以下两种形式：一种简单的办法就是改换住房内部的装修。四壁和顶棚刷白，地板油漆或者改为水泥地面，全部新式家具。外面仍是木柱檐廊、雀替花窗，里面却是电视、冰箱、沙发床，年轻主人在这里过着现代水平的生活。

第二种是里外都改造，只保持老房子的木构架。柱间砌起了砖墙，安上了大玻璃窗，屋内全部新装修，有的还分隔出一小块卫生间，使生活水准上到一个新台阶。原来墙上的雕花门窗哪里去了？有的当祖传古董收藏起来了，但多数是以几千元一扇的价格卖给了文物商。一心追求新生活的年轻主人对此并不感到有什么可惜，一副木窗的历史与文化价值一时还不能得到普遍的认识，这是并不奇怪的现象。

逝者如斯，新生活的巨大吸引力是无法也是不应该阻止的，老的住宅在历史发展的长河中必然会得到改造和更新。但是，像郭洞村这样的一些老宅，作为一种传统历史与文化的载体，作为一种文物，予以少量的保存还是很有必要的。

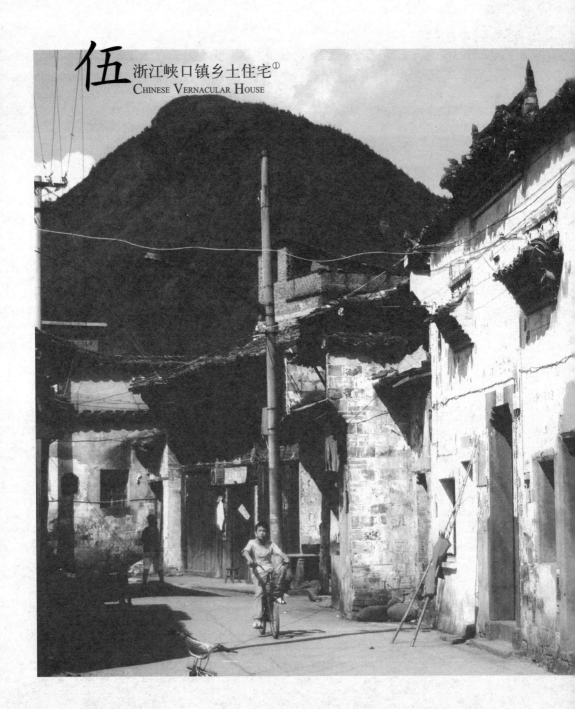

伍 浙江峡口镇乡土住宅①
CHINESE VERNACULAR HOUSE

峡口镇地处浙江省西南边界，北距江山市治约35公里，距清湖镇约27公里，南距廿八都镇35公里。清湖、峡口和廿八都是仙霞古道上的三个大型商业集镇。仙霞古道是古代沟通浙闽的一条重要路线，连接钱塘江水系和闽江水系，因跨越仙霞岭而得名，仙霞古道的北端是清湖镇（水旱码头），南端是福建省浦城县的县城南浦镇，全长约125公里。

① 本文作者：罗德胤。

峡口位于江山境内西北部河谷平坂地与东南部丘陵山地的过渡地带，由峡口街往南约2.5公里，就是仙霞六岭①中最北面的窑岭。峡口同时也是钱塘江南源——江山港②的中游和上游的分界点。江山港在峡口以上，称为大峦口溪，它由东南至西北，贯穿峡口镇区。在镇区的西侧，由南向北流淌的三卿口溪，汇入大峦口溪。从此交汇点以下，一直到清湖码头，是江山港的中游。这段水流长33公里，在农历上半年的丰水期，可通行竹木筏和小划船，峡口因此具有季节性的水运功能。

大峦口溪的水面宽达150米左右，三卿口溪的水面宽只40米左右，当地人又将前者称做"大溪"，将后者称做"小溪"。大溪的东面和北面，是连绵起伏的大小山冈，由东南至西北，分别是炮台山、吴男山、狼狮冈、龙珠山和竹猎山。在龙珠山的南面，有一条长长的小山冈，如象鼻般伸向大峦口溪岸；它与龙珠山西北方状如雄狮昂首的狼狮冈，共同形成"狮象把门"③。吴男山、狼狮冈和竹猎山从三面包围着龙珠山，又被称做"三龙抢珠"。

小溪的两侧是平坂地，其中西侧的平坂地尤为宽阔，从溪岸至莲花山的山脚，距离约有1.5公里。这些平坂地在大溪和小溪的灌溉滋润下，成为盛产稻谷的良田。

峡口的选址，既满足农业生产的要求，又顺应仙霞古道的运输贸易业，一个大型集镇能在此诞生，也就不足为奇了。每逢农历初四、初九日，是峡口的墟

---

① 江山南部的窑岭、仙霞岭、茶岭、小竿岭、大竿岭（亦称枫岭，浙闽分界处）和梨岭（亦称五显岭），合称"仙霞六岭"。
② 江山港又称须江，在双港口与常山港汇合，称衢江。衢江在兰溪市境内与金华江汇合，为兰江。兰江在梅城与新安江汇合后，成为钱塘江干流。
③ 风水术中，"狮象把门"一般用来指水口以外的夹山。峡口的"狮象把门"位于镇区来水的"天门"处，并不符合风水的说法。

日。峡口墟辐射半径大约是15公里，赶集者既包括平坂地上的农户，也包括林区里的山民。

三卿口的木柴、木炭、瓷器，柴村的舂箕、笊兜、竹笼，新塘边④的荸荠，王村⑤、凤林⑥的大米等，在街上各占风光⑦。

峡口镇的地理位置和盆地环境为居民们提供了从事农业和工商业的"双重机会"，所以镇区内的人口多，建筑密度也相当大。在各类建筑中，又以住宅所占比例最高，它们与居民日常生活的关系也最为紧密。

也许是因为长期受农业社会中重视定居的观念的影响，从经营店铺和作坊中盈利的商人和手艺人，往往会毫不吝惜地将钱财投入到住宅的建设中去。峡口镇上的高质量住宅，有几十幢之多。它们之中，规模最大的占地将近1000平方米（比峡口最大的祠堂大），由若干个天井院落组成；规模较小的，是一个小型三合院或四合院，占地不到200平方米。

住宅朝向本以坐北朝南为佳。但在峡口，由于大峦口溪斜向而弯曲地穿过峡口盆地，街巷则大致平行或垂直于大峦口溪，从而形成很不规整的镇区结构。受此影响，住宅朝向也不可能全部都坐北朝南，而是根据住宅的具体位置以及场地形状做出调整。这些住宅也并非一次建成，而是在一个较长的时期内陆续完成，

---

④ 位于峡口西北方约20公里的一个镇。新塘边到峡口赶集的人不是很多。
⑤ 峡口西侧邻乡。
⑥ 位于峡口西北方约8公里的一个村落。
⑦ 何景生：《古道明珠峡口镇》，载《江山史话》（江山市文史资料第11辑），1995，103页。

其中很多是见缝插针而建。

　　既然是见缝插针建筑，其平面轮廓就不可能很整齐。峡口镇区内的老住宅，大多是由中间矩形的主院，与两侧及后方不规则形的跨院或杂房组成。主院都是天井式的合院，采光主要靠天井，外墙只开数量很少的圆形或矩形小窗。如果是单独一个天井院，其平面形制有"三间两小厅"、"半五架"、"合面三架"、"合面五架"等类型。一些大户人家，为适应家庭人口较多的使用要求，将多个天井院前后连接，形成两进式甚至三进式的合院。

　　"三间两小厅"即小型三合院，由三间正房、两间厢房和天井组成。正房中间为厅堂，称为上堂，两侧为卧室；天井两侧为厢房，也称"翼屋"。在"三间两小厅"的正房两侧各增加一个房间（梢间），前面仍为两厢夹一个天井，就形成了"半五架"。正房梢间只能通过门前夹道间接采光，室内很暗。将"三间两小厅"的倒座房（也称"前屋"）补全，就成为"合面三架"。"合面三架"占地规模不大，布局规整，是峡口镇上最常见的住宅形式。其正房和前屋的明间分别为上堂和下堂，大门设在下堂前檐墙正中。将"半五架"的前屋补全，就成了"合面五架"。"合面五架"的占地面积较大，多为大户人家采用，其内部夹道较多，有的起交通

（图5-1） 峡口住宅的屋顶。天井上的玻璃罩为近年添加

作用，有的则用作储藏空间。

　　大约在20世纪70年代，随着峡口的人口数量迅速增加，住宅面积日趋紧张，为了获得更多的有效居住面积，住宅中出现了“三间六”的平面形制。所谓“三间六”，即去掉“合面三架”中的天井和厢房，仅保留上下堂及卧室，共六个房间。这种平面形制的好处，是单座住宅占地面积减少，布局紧凑。不过，去掉天井后，住宅的采光和通风都受到影响，舒适度降低。（图5-1～图5-4）

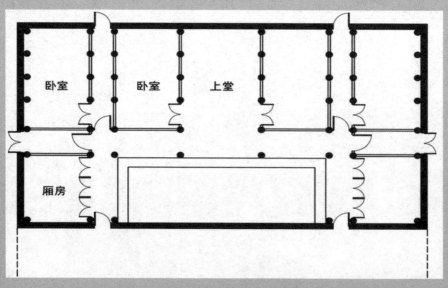

（图5-2）“半五架”（大蒜铺16号）的平面示意图【赵雯雯　绘】

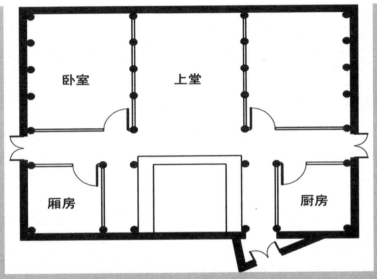

（图5-3） "三间两小厅"（周家厅1号）的平面示意图【赵雯雯　绘】

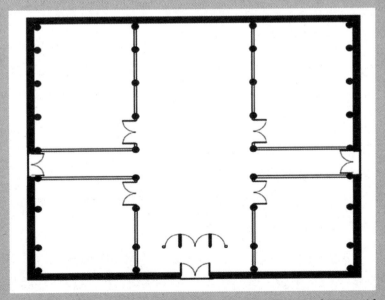

（图5-4） "三间六"的平面示意图【赵雯雯　绘】

一·功能布局①

峡口镇的住宅一般由厅堂、卧室、厢房、天井、大门、厨房等部分组成。

厅堂分上堂（后堂）、中堂和下堂，位于正房和倒座房（前屋）的中间。上堂用于祭祖；中堂用于家庭起居和会客，是个多功能场所；下堂是入口空间，举办宴会时也可用来摆放桌椅。如果主院只有一个天井院，则上堂与中堂合一。

作为家庭内的"公共空间"，厅堂的装修比其他房间都更讲究，其梁枋上有雀替、"猫拱背"②等精美木雕，有的中堂和下堂还用抬梁式结构。上堂和中堂（及其两侧正房）的进深都比较大，通常为6～8米。有的住宅，中堂与后堂前后相连（但不合一，中间以太师壁划分），总进深达到9米左右，后堂左右两侧各有一个小天井。厅堂面朝天井的一侧，不安装门窗或安装可开启的槅扇门，形成室内外相通的空间。下堂前金柱之间装有屏门，以保证住宅的私密性；屏门只在婚丧宴请等大型活动时才打开。

上堂后金柱之间，有一面"太师壁"，壁上正中位置常年挂着"香火"，两侧是依次向外排开的对联，数量可达十几副之多。所谓"香火"，是一幅写满了祖先灵位和各路神明的红纸或红绸③。太师壁前摆放着神案（叫"香几桌"）和八仙桌。神案上有蜡烛台、油灯、香炉、酒瓶等祭祀用品，大户人家还有自鸣钟、瓷瓶等器皿。每年农历七月十五和春节（除夕至正月初三），各家还要在太师壁上挂起"太公画",烧几炷香。"太公画"即带有祖宗画像的祖宗牌位,有两种:有像有字和有像无字。"太公画"上的文字其实就是历代祖先之名。当代数较多、一幅画像上无法列全时,户主就只列出认为比较重要的一部分。

太师壁两侧各有一腋门,腋门上方有时安装有一块贯穿后金柱间的条板。条板上板左侧供土地公,右侧供孔夫子。

神案之下,地面上也供着土地公,背靠太师壁,前面有一个专用的香炉。神案前面的八仙桌(现在也有用圆形桌的,不规范),通常做工考究,少数人家甚至用"百工桌"④,桌两侧各放一把靠椅。

厅堂两侧的房间多用作卧室。这些卧室与厅堂进深相同,在面对天井一侧的木板墙上安装窗户,通过天井采光、通风。因为进深都比较大,所以室内光线昏暗,即使在白天也要开灯照明。

上堂两侧是主卧室。儿子结婚前,父母居住在主卧室,儿女分别住在其他房间。这是强调宗族伦理观念的分配原则。儿子结婚后,搬进主卧室居住,父母则退居厢房或下堂两侧房间。这就改为遵循"生育优先"的原则了,因为生育是宗族存在和发展的首要条件,是宗族的根本利益所在。

卧室内的布置,据《江山风俗志》:床贴后墙,朝向窗户;婚床忌朝北,俗谓"北床要做梦,不吉利",儿女睡的小床则不忌;床前放一条踏板凳(也称脚踏),靠近床沿、贴侧墙放一张三斗桌或五斗桌⑤;床底放洗脚盆,也称"子孙

---

① 赵雯雯对此节内容有贡献。引自赵雯雯:《峡口住宅建筑研究》(清华大学建筑学院2007届本科毕业论文),2007。
② 相邻两檩之间的水平梁,雕成弯曲都很大的月梁,形似猫拱背。
③ "香火"上一般写着:南无大慈大悲救苦救难灵感灵应观世音菩萨莲座神位、三界伏魔武曲关圣帝君神位、北极水星玄武吉吉天上帝神位、九天灵化梓橦文昌帝君神位、上清正乙飞虎赵大元帅神位、本家福德兴旺土地正神神位、门堂上嫡派远近宗亲之位。
④ 意思是一个木匠要花一百天才能做成。
⑤ 有三个抽屉谓之三斗桌,有五个抽屉谓之五斗桌。

桶"①；门后放便桶。

厅堂前面是天井，它为四周房间的采光和通风创造了条件。峡口住宅的天井都呈横长形；其进深比较固定，大约1.5～2米；面宽则取决于正房面宽，如正房面阔3间，则天井宽约4米，如正房面阔5间，则天井宽约7米。天井四周，沿天井壁上方平铺青条石；天井壁之下，为宽约0.3米的排水沟；天井中间的地面，满铺卵石（讲究的人家会将卵石拼成各种吉祥图案），中间略微隆起，便于排水。

天井是家庭的内向的共享空间，尽管占地面积不大，却很好地满足了居住者的使用要求。人们在这里养花植草、纳凉晒阳。峡口的建筑密度很高，封闭的住宅连绵成片，高墙间的巷子狭窄阴暗，天井就成为可贵的喘息空间。与此同时，天井四周的檐廊还是住宅内的交通枢纽，檐柱上的牛腿和厅堂、厢房前墙的槅扇门窗则形成住宅的内部艺术中心。

厢房位于天井两侧，采光较好，在规模较小的住宅中用作卧室，在规模较大的住宅中用作花厅。花厅的装饰等级低于厅堂，梁枋一般不做装修，只在面对天井的一侧装满雕刻精美的槅扇门。花厅平时用来待客或吃饭，在节日或请客时可以拆掉槅扇，成为和厅堂一样的多功能空间。

住宅的朝向和大门位置并无一定之规，而是根据周边环境而定。峡口老街大致平行于大峃口溪，呈西北至东南走向；位于老街两侧的住宅，正房和大门多朝向街道，即东北向或西南向。距离老街稍远一些的住宅，其正房朝南、朝东、朝西、朝东南、朝西南者均有，唯朝北的较少。具体朝向与地基形状有着密切关系：如果地基南北向较宽，则正房朝东或西；如果地基东西向较宽，则正房朝南。

住宅大门一般朝附近巷路而开。如果场地条件宽裕，大门会位于下堂正中的前方位置，且大门前面专设一段尽端式的道路，形成一个缓冲地带（如文昌阁巷1-4号徐文金宅和四方田1号郑百万宅）。如果场地较窄，大门便直接设在与巷路相邻的墙上，位置也不一定在下堂前方，而可能在两侧的厢房后方。有的住宅的大门，可能是受了风水的影响，特意与正房形成一个偏角（如周家1号周华云宅）。

主入口大门是进出孔道，其装饰水平最能反映主人家的经济实力和审美趣味。为了防火防盗，门洞一般只宽约1.5米，高2米余；门框一般为青条石制成，上部两个阴角雕成海棠瓣，门框底下的门墩则有祥云、莲花或"暗八仙"浮雕。门洞上方有"门罩"。简单的门罩，是用两三层砖叠涩而支撑的一个披檐。高级一点的门罩，在披檐下有匾额（匾额内容体现儒家观念和福寿理想，如"瑞气临门"、"天赐纯嘏"、"厚德载福"等），或门洞两侧的墙上各添加一个位置比中间披檐低的披檐[2]，檐下也有两三层砖叠涩。最讲究的大门，是砖牌坊式的"三山式"门头，两侧披檐与下堂前墙屋檐相连，中间屋顶比次间的披檐高出一米余，门洞上方有匾额，檐下除砖叠涩外还有复杂的砖雕装饰（如宝瓶、垂莲、花卉等）。

厨房属于附属建筑，一般安排在主院之外的杂院或杂房内，面积较大，形状可能很不规矩，高度也低于主院建筑。较简单的厨房，是一个单层的大房间。大户人家的厨房，则是一个"三间两小厅"院落。杂院内，除了厨房之外，其余房间可作为长工住房，也可用作粮仓、牛棚、猪圈和鸡舍等。

住宅的层数以一层半居多，楼上空间较矮，主要用来存放粮食和杂物，但当家庭人口较多、一层住不下时，楼上也能住人。大多数住宅只在卧室和厢房上设楼板，厅堂上不设楼板；如果厅堂上也设楼板，就形成天井四面楼棚相连通的"走马楼"。完全两层的住宅只有一座，即上街1-3号祝炳史[3]宅，其主院和北跨院的二层空间都较高。这座住宅在解放初期被当做草席厂。（图5-5～图5-9）

---

① 旧时女人生产坐此盆上。
② 披檐在墙的中上部，与"三山式"不同。
③ 民国时期曾在上海读书、工作，土地改革时被划成地主，其宅被没收。

（图5-5） 大溪巷7号住宅的天井

（图5-6） 周汉俊家保存的太公画

（图5-7） 牛腿

（图5-8） 旧街某宅的神厨

（图5-9） 周文波宅的天井花墙

二·住宅建造①

　　根据建筑材料的不同，峡口住宅可分为三类：土墙茅草房、土墙瓦房和砖墙瓦房。土墙茅草房是经济比较贫困的家庭的住宅，构造简单，房屋坚固性差，屋顶的茅草每年都要更新。土墙瓦房的防水性和坚固性比茅草房要好很多，这种住宅在20世纪的五六十年代曾大量出现，至今仍留有不少。砖墙瓦房是质量最好的，也是本文关注的重点。

　　从住宅在镇区内的分布来说，上街距离渡口较远，商业不发达，所以上街附近住宅的质量也不高，土墙瓦屋顶的简陋建筑较多。中街位置适中，商业发达，中街附近住宅的质量也比较高，大多是砖墙瓦房。下街临近渡口，其东北侧尤其容易遭受水患，这里的住宅大部分都是1949年解放后建造的，土墙瓦房较多。下街西南侧地势稍高，住宅质量也稍好，既有土墙瓦房，也有砖墙瓦房，皆书巷②甚至有几座大宅。

　　住宅均为木结构承重。有的厅堂（以下堂较常见）用形制较高的抬梁式构架，其余均用穿斗式构架。用抬梁式构架的厅堂，空间宽敞，梁用料粗大，雕作

---

① 此部分内容参考赵雯雯：《峡口住宅建筑研究》（清华大学建筑学院2007届本科毕业论文），2007。
杜东平：《江山风俗志》，99～101页，1986。
② 下街西侧的一条巷子。

月梁或"猫拱背"梁。穿斗式构架形制较低，用料节省。

木材主要用杉木，有时也用杂木。据木匠师傅谢金星（生于1948年）说，杂木一般是阔叶树，木质较硬，现在主要用来做家具，比杉木的价钱还要贵一些。建筑中的木雕构件用樟木，因为樟木质地细密，且不生虫。

柱以圆木柱为主，柱径在20厘米左右。上堂的檐柱，中堂、下堂的檐柱和金柱由于位置重要，比其他柱子要粗一些，柱径在25～32厘米之间。峡口气候湿润，为了防潮，柱下垫有石础。柱和墙分离，有利于防火，也使柱子处在通风的环境，不易霉朽。柱表面刷有桐油，可防虫、防潮、防腐。

月梁的高度在30厘米左右，中部略微起拱，两端头刻有生动而流畅的曲线。檩子直径一般为15～20厘米，与柱径相等或略小。檩距在1～1.5米左右，房间的进深从五檩到九檩不等。檩下穿枋高约20厘米，插入柱内，既加强了结构的整体性，又可作为太师壁和隔断的上槛使用。

天井四周的檐柱上，有出挑的牛腿，承托挑檐檩。由于位置显眼，牛腿是建筑中雕刻最精细的构件类型之一。牛腿可分为三类，最简单的一类是回纹组合或草龙图案，在曲线的间隙里嵌有花卉或动物，主要用在次要厅堂或厢房的挑檐檩下（又或位于临街店铺的一层挑梁下）；第二类是在牛腿侧面中央划出一个方框或圆框，框内有复杂雕刻，框外是回纹或卷草；第三类牛腿则整体是一组圆雕，常见的题材是动物，如龙、凤、狮、鹿、鹤、羊等，也有人物或戏曲场面。后两类牛腿主要用在重要厅堂的挑檐檩下。第三类牛腿的图案精美，体态生动，整体性强，但其结构作用不如前两类，构件已几乎完全装饰化。

天井四周的厅堂和厢房，常安装槅扇门或槅扇窗，既强调了厅堂和厢房的重要性，又可满足采光通风，美化居室环境。槅扇门一般为四扇或六扇，每扇分为绦环板、格心、裙板三部分。上绦环板较高，雕刻内容比较简单，多为简单的锦纹图案；格心是槅扇门窗的主要装饰部位，用直棂木条构成各种规整对称的图案，中间夹饰花草或动物图案，形式精巧美观。格心中央有一块花板，多作花卉或文房四宝的透雕；中绦环板与人视线等高，也是重点装饰部位，雕刻纹样比格心更复杂，内容有花卉、动物、戏剧故事等。裙板位于人视线以下，用竖向的素木板拼成，几乎没有装饰。

建筑中的脊檩，即"正梁"，是整座建筑中最重要的构件，一定要用椿木。因为椿树是"树王"。关于"树王"，江山民间有个传说：明朝的正德皇帝在"微服私访"江南时，被退归林下、却有谋反之心的赵丞相发觉；正当皇帝被赵丞相的队伍追杀的危急关头，樟树的树叶变成蜜蜂，蜇退了追兵；正德皇帝脱险后，论功封树王，却误把椿树当作樟树，让椿树当了树王；樟树为此气乌了心（樟树心为黑色），椿树为此羞红了脸（椿树皮为红色）①。

围护结构用空斗砖墙或夯土墙。砖的规格为28厘米×16厘米×8厘米，用泥土烧制。砖与砖之间，以1:1的石灰与黄泥的混合物作黏合材料。砖墙表面抹白石灰。墙基多用大块卵石垒砌，可以防潮。山墙顶部常做成"五山"马头墙②。此做法既可节约材料，又使住宅外观高低错落，富于变化。

---

① 关于"椿树王"的来历，民间有不同说法。另一个版本是：东汉光武帝刘秀，曾在一棵桑树遮蔽下躲过王莽兵的追杀，又吃桑葚而免于饿死；刘秀称帝后，派人来封树王；使臣误将椿树当成了桑树，结果椿树被错封为树王（从此有"臭椿"之名），桑树则气破了肚皮（桑树长大会裂开），旁边的柳树还笑弯了腰（柳枝多弯曲）。

在老百姓眼中，椿树和樟树都是具有"神性"的树。有些地方的春节期间，小孩们早起去抱椿树，嘴里念道："椿树王，椿树王，你长粗来我长长，你长粗来做嫁妆，我长长来穿衣裳。"有的地方（比如江山），如果小孩多病、爱哭，就让他（她）拜大樟树为干父母，并将写有"寄子某某顿首百拜"的红纸条贴在树身，焚香叩拜，可保小孩健康长大。

② 山墙从中间向两边逐级迭落，各有两级，加上中间部分，共五部分。

屋顶挂瓦。瓦有青瓦和红瓦两种。红瓦价格便宜，使用广泛。因为长苔或烟熏，红瓦在一段时间之后也变成黑色。铺瓦的方法，叫"冷铺"，是在椽子上直接铺仰瓦，仰瓦之间再铺盖瓦；上下两片之间，则用"压七露三"的重叠方式（即重叠70%，露出30%），以保证屋面防雨性能。仰瓦与盖瓦之间有空隙，人在室内能透过瓦缝看到天空。烧制屋瓦的材料是黄泥，黏性较好。瓦不仅用于覆盖屋顶，也常用作屋脊或门头上的装饰。

建造一座住宅时，要木匠、泥水匠、瓦匠和石匠分工合作，整个过程是由木匠大师傅控制的。

建房之前，先选择地基并确定朝向。地基应选在靠山近水、避风干燥之处。朝向要请风水先生确定，根据家庭主要成员的生辰八字和建房年月的干支地形，用罗盘测定（峡口用地紧张，可通过调整大门朝向，来起到风水作用）。

基址与朝向确定后，木匠大师傅根据主家要求，画出简单图纸，包括平面布局和类似剖面的示意图。峡口住宅的平面和结构都是"程式化"的，建造之前木匠心中早已有了大致的安排，只需根据实际情况调整尺寸。木匠大师傅将定好的房屋主要部分尺寸、主要木构件尺寸都标在"丈杆"上。丈杆是与上堂中柱等长的一根木杆；房屋落成后，丈杆置于脊檩下的大梁上，永不动用。

房屋的高度，即中柱高，要符合"生老"的要求。具体说来，就是木匠以尺为单位，按照"生、老、病、苦、死"顺序，从零开始读起，中柱高应该落在"生"和"老"之间。所以，中柱高都不是整数，如二丈零六寸、二丈四尺六寸等。

动工的日期必须是黄道吉日。这一天，风水师用罗盘测定大门位置和方向，泥水匠据此拉线打桩，木匠再简单锯几根木头，一天工作即告结束，工匠都拿双份工钱。东家还要准备筵席，请工匠师傅、本家兄弟父老和主要亲戚喝酒，叫做"起工酒"。"起工酒"之后要休息几天，东家才正式催促工匠建造房屋。

开工后，木匠、泥水匠和石匠各有任务，同时进行。木匠加工木料：沿同一纵轴线上的柱和梁，以穿斗或抬梁的方式形成一榀屋架；各榀屋架同时加工，等都做好之后一同竖起。泥水匠筑墙：墙基用卵石砌筑，高60~70厘米，其上砌空斗砖墙；随线砌筑，以保证砖墙平整。柱础由石匠制作，做好后根据事先定好的柱网，将柱础安放在固定位置。

柱础放好后，由木匠指挥，将各榀屋架竖立在柱础之上，然后上檩、枋，将屋架连接成一个整体。全部木构架竖立完毕后，留下明间脊檩和它下面的一根枋子（即正梁）不装，等待吉日举行上梁仪式。

上梁俗称"上大边"，须择吉日，仪式很隆重。上梁前一天，亲戚和邻居会送来对联、红蜡烛、索面①、米糕、粽子、"梁喜"，以示庆贺。红烛寓意生活红红火火，索面寓意福寿绵长，糕与"高"同音，寓意节节高。"梁喜"是绸布做成的祈福物，双面绣八卦图案，由近亲送来。上梁当天早晨，主人拿出刚做好的麻糍②款待客人，邻里乡亲甚至路过的人都可以来吃。这时，主人家开始放鞭炮。木匠将丈杆的上头扎上红布头，挂上木尺、木斗之类的工具，靠中柱竖立，下头插在装满稻谷的箩筐内，稻谷上放有秤杆、尺子、镜子等吉祥和镇邪的物件。竖好"丈杆"后，工匠吃早餐，然后准备上梁。

上梁前先要"出煞"，俗称"出利"，目的是将妖魔鬼怪驱逐出屋。木匠用斧子削成三个"三角桩"，放在"平马"（三只脚的板凳）上，然后左手拿桩，右手提斧，用斧背敲"三角桩"，使其射出门外。之后主人拎出一只公鸡③，木匠在鸡冠上割出血来，一边吆喝着"一请鲁班，二请丈杆"，一边将鸡血涂在鲁班尺、丈杆及各柱子上。这只鸡称为"上梁公鸡"，永不得杀食④。

"出煞"之后，木匠将"梁喜"挂在梁上。然后，木匠师傅在左，泥水匠师傅在右，手里拿着各自的工具以及锡酒壶，爬到中柱的顶端，众人合力吊起正梁，由师傅安装好，并将锡壶中的酒浇到梁上。接着，师傅从正梁上抛下馒头、花生等食品，人们争相接抢，其间喝彩声不断，彩语为"伏羲，你往东来我往西，手拿酒壶上楼梯"等。上梁时如遇下雨则最为吉利，所谓"雨浇梁，见钱粮"。

因为木匠师傅和泥水匠师傅掌握有"出煞"的本领，所以东家也要招待得周到一些。否则，木匠在大梁榫头上做一点手脚，东家以后就要破败；泥水匠在砌墙的时候"暗暗在门边墙内放一只碗、一双筷子"，东家以后就要讨饭。

上梁仪式完成后，主人在旧屋内点燃香火纸烛，拿到新屋拜祭，叫做"引香火"。然后，主人在新屋的上堂前挂好挡风的竹簟，开始布置新屋。上堂的神案上点燃大红喜烛，摆上索面、米糕、粽子等祭品，太师壁上贴"吉星高照"的横幅（"照"字下面要写成三个点，因为四个点是"火"字，不吉利），横幅下挂亲友送来的对联。两边的柱子上贴大红对联，内容多为"竖柱喜逢黄道日，上梁正遇紫微星"等。中午主人设宴招待宾客，称为"竖柱酒"。下午宾客陆续回家时，主人要用猪肉、索面、粽子、糕、染成红绿颜色的生花生、爆米花等回送客人，叫做"回篮"。

搬进新房居住叫做"归屋"，也是一件喜事，重要的亲友要来送礼贺喜，主人摆酒相待。（图5-10～图5-13）

---

① 一把手工做的面条，拧成绳索状。
② 一种糯米做的糕点。
③ 公鸡的"灵性"也表现在其他一些地方，如生病用活公鸡驱鬼，小孩受惊可抱公鸡"呼魂"，出葬要用活公鸡"定魂"。
④ 杜东平：《江山风俗志》，浙江省江山县文化馆，1986。

（图5-10）卵石墙的住宅

（图5-11） 夯土墙的住宅

（图5-12） 卵石做的台阶

（图5-13） 木匠的墨斗【赵雯雯 摄】

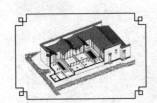

三·关于分家

　　可以说，所有住宅的建造者在建宅时，都是心怀"一家永久团圆"之愿望的。在住宅的建筑格局和房屋分配上，也都体现出一家之长为尊、兄弟子侄各处其位的等级观念。然而，事实是几乎所有的住宅，最终都难逃在分家时被瓜分得七零八碎的命运。

　　分家的原则是尽量平均。在各类财产中，钱财最容易均分，田地、山场和店铺也可以折算成现钱后再分，唯有住宅，因为建筑等级分明，功能划分各异，又与日常生活密切相关，要做到均分，经常不可能。解决的办法，一是让在房屋分配上吃亏的一方得到其他补偿，二是用抓阄的方法来确定财产归属，使自以为吃亏的一方无法埋怨他人。

　　峡口"下江"的《礼关》，记载了两次分家的过程。第一次是在"下江"的始迁祖江一祥①死后41年，即嘉庆丙寅十一年（1806），江家四兄弟将财产"拆作孝、悌、忠、信四关均分……议将额粮内抽十五两零以作考妣祀产轮收值祭外，其余山塘、田地，肥瘠不同，税亩参差，补酌均匀；其屋计价，则旧屋价廉而新屋价昂。议将旧屋作一关；新屋后堂作一关；新屋中堂、前堂作两关而屋略少，众贴银六百两以补两关"。

　　第二次是在江一祥的长子江有荣于1814年去世后的若干年，江有荣的四个儿子将家产"分作仁、义、礼、智四关，每人各阄一关为据分家……抽田壹百三十亩零、山四号②作祀产，轮房收值；又抽田拾四亩零，拨与长子之坟；抽田柒亩零，给予长孙日晖；其余田业，量价值之低昂，为税亩之多寡，其住屋则每人各得一边，其楼屋则上下品搭均分，并无丝毫偏倚"。③江有荣在父亲江一祥去世后长期主持家政，其间家产增加不少，也许是因为这一点，分家时留给江有荣作祀产的田多达130亩。

1988年的《汝南周氏宗谱•序言》，则记载了"周益兴"肉店老板周树根家于民国十四年（1925）的分家情况："即请贺村坝下舅母④主持，拍分三股，并以抓阄为准，长房孙俊良（代先父朝训）得抓到新屋西南向三架中间、东边（及）贴连东边协屋五间，又凤林老屋东边大门边协间一间，牛栏间二间，田三十一多余另亩⑤，上列归智房管业；三房朝柱抓得老屋一座（新房后面），又补贴租田五亩，共三十六亩，另新屋者各贴出老屋大洋壹百元，又凤林西边旧屋九间，上列归仁房管业；四房朝升，坐分得新屋西南向三架中间西边及贴连协屋三间，附厨房间，又凤林老屋东边大间一间，大门对面柴间二间，田三十余亩，上列归勇房管业……自分之后⑥，周益兴肉店由三房朝柱继承经营，老弟朝升碗店歇业，后全部所有东西搬出。惟为父者仍住店内，逐收旧账。而朝柱未分得新屋，怒气冲冠，难受其气，就去凤林家，不愿到店经营。后被人劝解，仍来店，同时拆去峡口旧屋，重行建造，未逾一年，建成上、下两堂。"⑦

---

① 江一祥去世时，妻子汪氏仍在。1802年，汪氏去世。

② "号"为量词，相当于"片"，同时也表示已被官府登记在册并编号。

③ 全文见《礼关•序言二》，有缺文。

④ 原文如此，不是舅父。

⑤ 原文如此，疑其意为"田三十一亩零余"。

⑥ 二房夭折，未继立，故只分作三股。

⑦ 即粮仓，其面积大约150平方米，现已改建为住房。

与江家两次分家是在家长去世后不同，周家是在一家之长周树根仍健在时分的家。分家后，周树根在峡口建造的两座住宅给了三个儿子，自己居住在碗店内。《序言》中并未交待有哪些财产是划归长者养老的，也许周树根晚年就是靠"逐收旧账"而生活了。（图5-14）

（图5-14）下街江姓分家时的《礼关》

四·中街13号徐开校宅

位于中街东北侧，坐东北朝西南，占地面积约340平方米。现住四户，户主都姓徐。

据户主之一、现年60岁（生于1946年）的徐樟柏说，房屋是他的爷爷徐开校（生于1904年）在20世纪40年代买的，建造时间大约是在1910年前后；徐开校在峡口街上开糕点铺，生有三个儿子，老大徐昌荣（即徐樟柏的父亲），老二徐昌宇，老三徐昌齐；老大和老二种田，老三继承父亲的糕点铺；20世纪50年代，工商业实行公私合营，徐昌齐被分配到粮管所工作。

住宅的主体部分是一个两进式院落。中堂进深达8.4米，中间以6个槅扇门作分隔。前院下堂为入口门厅，中间设两排柱子，成为"小三间"，用抬梁式构架。前后天井，除朝大门一侧外，皆施槅扇门和槅扇窗，格心为步步锦图案或拐子纹，中绦环板上有浅浮雕。除前院下堂檐柱上伸出龙头拱外，其余檐柱伸出的牛腿均雕作"S"形卷草龙。大门外两侧设八字壁。

主院东南角向中街凸出一个面积约7平方米的小房间。主院后面是仓库（东南）和厨房（西北），各约23平方米和20平方米。（图5-15～图5-23）

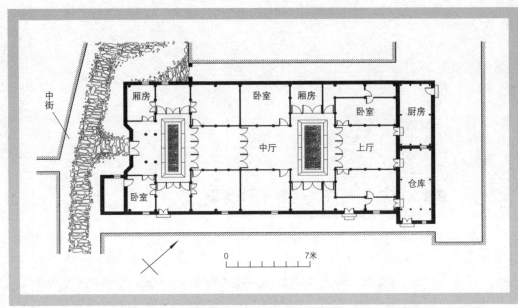

中街

厢房　卧室　厢房

卧室　厨房

中厅

上厅

卧室

仓库

0　　　　　　7米

（图5-15） 中街13号徐宅平面【阎克愚、邓为 绘】

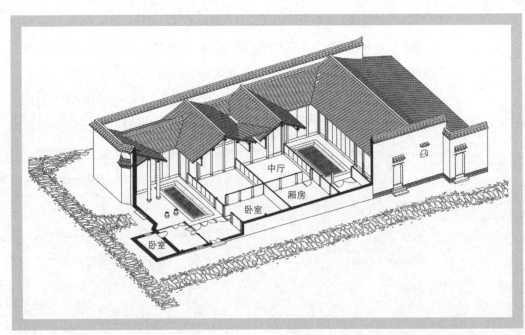

中厅

厢房

卧室

卧室

（图5-16） 中街13号徐宅轴测图【邓为 绘】

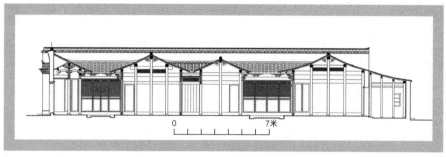

（图5-17） 中街13号徐宅纵剖面【周实、邓为　绘】

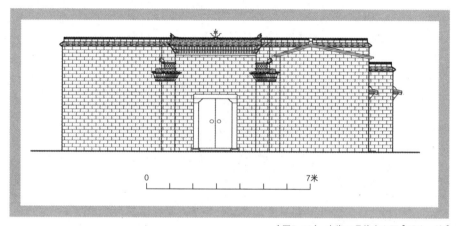

（图5-18）　中街13号徐宅立面【邓为　绘】

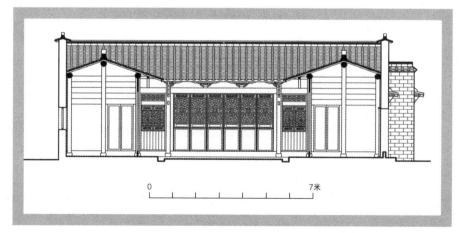

（图5-19）　中街13号徐宅横剖面【邓为　绘】

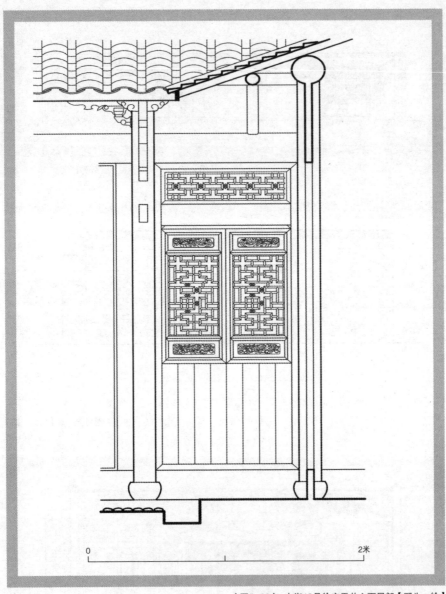

0   2米

（图5-20） 中街13号徐宅天井立面局部【邓为　绘】

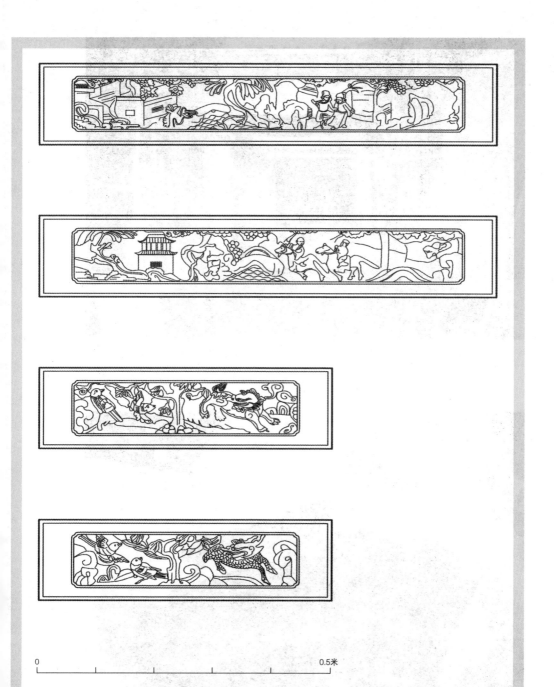

0   0.5米

（图5-21） 中街13号槅扇装饰大样【韦凯琳　绘】

（图5-22） 中街13号徐宅的室内

（图5-23） 中街13号徐宅的大门装饰【邓为　摄】

五·中街25号涂瑞阳宅

位于中街东北侧，坐东北朝西南，由主院、后院、跨院、厨房、廒房①等部分组成，总进深47米，占地面积超过1 000平方米。

中街13号和中街25号这两处住宅都是临街而建，面宽受到限制，只能向纵深方向发展（或在后半部再横向展开），形成大进深、小面宽的布局形式。

中街25号的主院，面阔3间，进深约32米，占地面积约330平方米，有上、中、下三堂，每堂前有一天井，下堂前天井的前面是入口门廊，门廊外即为中街。下堂为"小三间"，明间两排柱上用抬梁式构架；中堂和上堂均用五柱穿斗式构架。下堂槅扇门装于后金柱间，中天井和后天井的四面檐柱间也装槅扇门和槅扇窗，檐柱上施"S"形卷草龙牛腿支撑挑檐檩。

东南侧跨院为"半五架"，正房朝东南，两侧厢房各一间，占地面积约180平方米。跨院东南侧原先还有仓库房，现已拆除，另建新房。后院是一个小天井的四合院，占地面积约160平方米；正房三间，朝东南。主院和后院之间，是一条

---

① 即粮仓，其面积大约150平方米，现已改建为住房。

宽仅1.6米的巷子，巷子两端设门，东南面门上书"景星"两字（西北面门上字迹不清）。后院的西北侧是一个厨房院，面积约70平方米。后院的西北侧是一个厨房院，占地约65平方米。后院的东南侧原先有厩房，也已拆除。厩房与跨院之间，有一口水井。

徐家是中医世家。据户主之一江玉兰老人[①]（生于1919年）和现住中街4号的徐炳松老人（生于1929年）说，中街25号大约建于清末民初，建造者是徐炳松的太公徐瑞阳。徐瑞阳是峡口有名的医生，自己开药店。徐瑞阳的父亲名叫徐洪泽，也是医生。徐瑞阳的儿子徐开雨（生于1875年，江玉兰的公公）也是医生，在中街开"培德堂"药店。1942年日寇火烧峡口的时候，徐开雨因匆忙逃难而跌伤，不久去世，时年67岁。徐开雨生有四子，即徐昌邦、徐昌彰、徐昌余和徐昌杰，其中徐昌杰继承了父亲的中医事业，徐昌邦则学了西医，成为一名外科大夫。

徐开雨的弟弟徐开贵（1891-1964）也是户主之一，他女儿徐云秀（生于1941年）至今仍住在跨院内，房产是西北边的一间堂屋和一间厢房。（图5-24～图5-31）

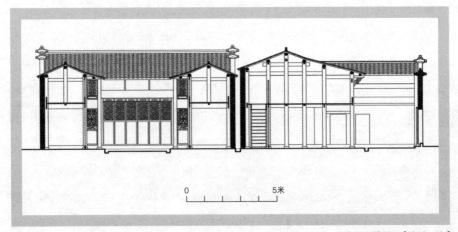

（图5-24） 中街25号横剖面【朱勋 绘】

---

① 丈夫徐昌杰（1916-1988），也是江山有名的中医。江玉兰的娘家就在峡口下街，父亲是位教书先生，在江玉兰18岁时（即1937年）去世。江玉兰19岁嫁到徐家，生有二子一女，其中女儿（生于1940年）在峡口镇的药店工作。

（图5-25） 中街25号槅扇大样【朱勋 绘】

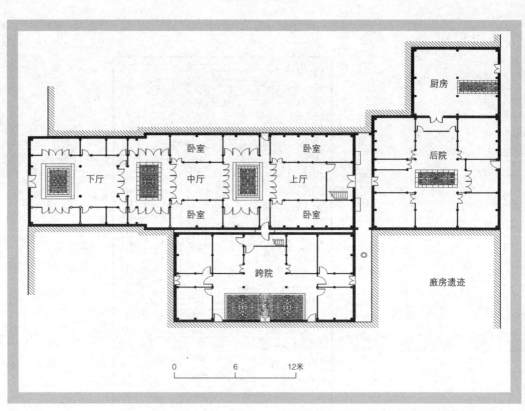

厨房

卧室　　　　　卧室

下厅　中厅　上厅

后院

卧室　　　　　卧室

跨院

廒房遗迹

0　　　6　　　12米

（图5-26）　中街25号平面【熊星、朱勋　绘】

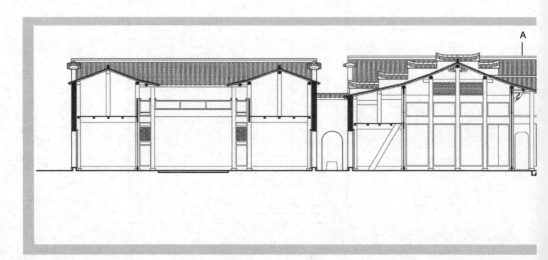

A

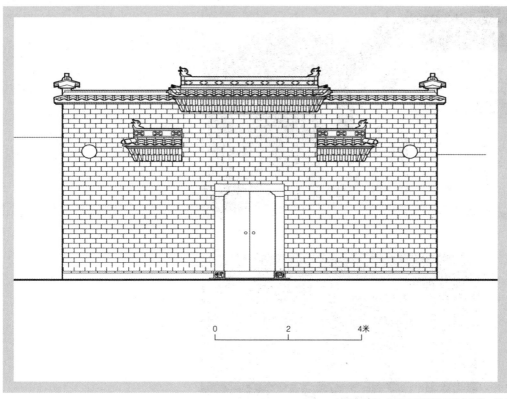

0　　　　2　　　　4米

（图5-27）　中街25号沿街立面【朱勋　绘】

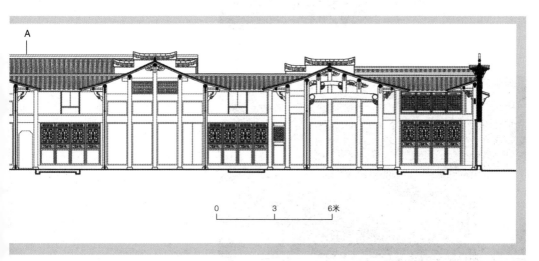

A

0　　　　3　　　　6米

（图5-28）　中街25号纵剖面【朱勋　绘】

（图5-29） 中街
25号徐宅临街外观

（图5-30） 中街25号
徐宅，正在办丧事

（图5-31） 中街25
号徐宅中堂的梁架

六·文昌阁巷1-4号涂文金宅

　　位于中街西侧，坐东北朝西南，占地面积约750平方米，由主院、厨房院、粮仓、牛栏和货仓五部分组成。峡口的高质量住宅有几十座，但像徐文金宅这样，各部分功能区分如此明确而且完整保留至今的，却是只此一例。该住宅于2007年11月12日晚遭火灾，主院、厨房院和货仓被烧毁。

　　据徐炳水说，文昌阁巷1-4号的建造者是他父亲徐昌根的高祖父徐文金。徐文金（约生于1800年，卒于1886年）曾任江山徐姓"北门派"的族长，是徐姓最早到峡口经商的人之一。徐文金生有四个儿子，其中四子徐万宣生徐瑞阶[①]（卒于1911年，出生年不详），徐瑞阶生有五个儿子，其中三子徐开炽是徐昌根的父亲。现居住在这里的，仍然都是徐姓人家，共13户。

　　文昌阁巷1号是主体建筑，平面形制为"合面五架"，占地约450平方米。上堂和下堂是公共空间，上堂的槅扇门和下堂的屏门为

---

① 　徐瑞阶的五子徐开明（1893－1945），开徐乾泰布店。

交通方便现已拆除。下堂明间柱子上的梁架，采用抬梁式，五架梁、平梁与单步
梁均为月梁，梁柱交接处与檩柱交接处均有雕刻精美的雀替。

两个花厅现分别用作厨房和仓库。主院南侧的小跨院，原为长工住房兼货
仓。主院东南侧为厨房院，其平面形制近似于"三间两小厅"。文昌阁巷2号原为
徐家粮仓，平面呈梯形，占地约125平方米。文昌阁巷4号原是徐家牛棚，现为徐
炳水的木工作坊，占地约35平方米。

文昌阁巷4号后面（西南）有一块民国六年（1917）的墓碑（现用作洗衣
板），碑主人是"东海太学生儒人姜氏"，立碑人是"祀男瑞圭、孙开忠、曾孙
昌结、昌升、昌高、昌余"。"东海太学生"不知是何人，从立碑人名来看，他
应该是万字辈的，可能是徐文金的儿子。（图5-32～图5-41）

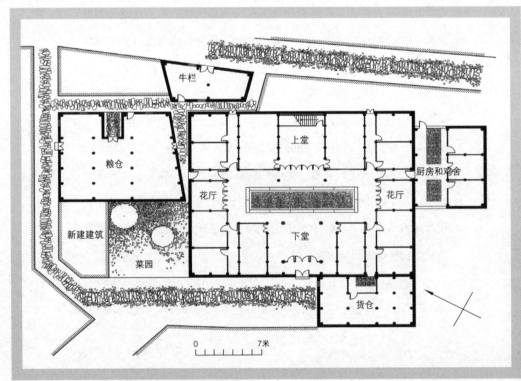

（图5-32） 文昌阁巷1-4号住宅平面【赵雯雯 绘】

0 　　　　　　　　　　　　　　　 1米

（图5–33）　文昌阁巷1–4号住宅槅扇大样【赵雯雯　绘】

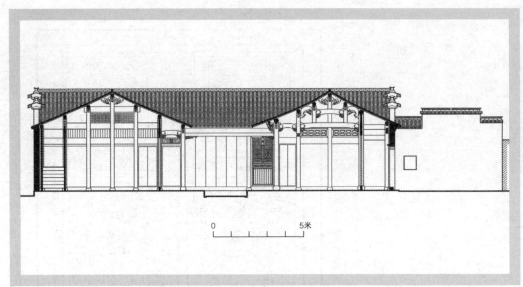

0　　　　　　5米

（图5-34）　文昌阁巷1-4号住宅纵剖面【赵雯雯　绘】

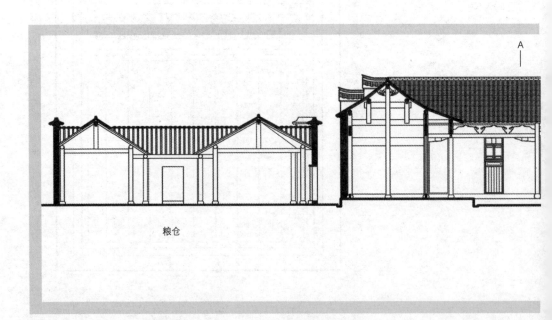

A

粮仓

（图5-35）文昌阁巷1-4号住宅的天井

A

主院

厨房 鸡舍

0　　　　4　　　　8米

（图5-36）文昌阁巷1-4号住宅横剖面

（图5-37） 文昌阁巷1-4号住宅的窗户【赵雯雯 摄】

（图5-38） 窗户装饰细部【赵雯雯 摄】

（图5-39） 文昌阁
巷1-4号住宅的外墙

（图5-40） 文昌阁巷1-4号住宅的窗户装饰大样【赵雯雯　摄】

（图5-41） 文昌阁巷1-4号住宅的雀替

七·四方田1号郑百万宅

　　四方田是峡口下街西面一块面积约1200平方米的方形地①，四周都是质量较高的建筑：北、东、南三面为住宅，西面为毛大仙殿的仓库和天主堂。②

　　四方田1号位于四方田的东北角，朝向为南偏西30°，由主院和东、西、北三面的辅助用房组成，占地面积约730平方米。主院为"合面五架"，占地面积约410平方米。主院的两侧及后面，是面积约320平方米的辅助用房。

　　主院建筑比一般住宅高。其正房脊高约7.7米，前屋与厢房的脊高约7.3米（一般住宅正房脊高6.5米左右）。除下堂外，主院其他部分均为两层。二层净高达到3.5米（楼板至脊檩底），适于住人。

　　作为花厅使用的厢房，面阔2间，约6.6米。因为正房面阔5间，而花厅面阔也较大，所以天井也比一般住宅的大：以檐柱计，宽12米，深6米。前屋次间卧室

---

① 一位出生于1950年的江姓后人说，江有荣建宅时，为了保证自家的"好风水"，同时买下了门前的四方田，而且给后代定下规矩，不得将四方田出售，也不得在上面建房。这是四方田一直保留到现在的原因。
② 据江顺义（生于1935年）说，天主堂本是江家三房的住宅，民国时期有神父在峡口传教，将其当做教堂，每周一和周三举行礼拜活动，参加者有40多人，20世纪50年代初禁止。

的面宽，在靠近下堂一侧各减少1.6米，使下堂成为"小三间"，其面宽6.9米。"小三间"加上7米的净高（至脊檩底），和充足的天井采光，使下堂显得十分宽敞明亮。下堂的梁架采用抬梁式。

天井四周满是精美的木雕装饰，包括槅扇门、槅扇窗、骑门梁（即明间穿枋）、梁托、雕花栏杆、牛腿等。天井周围共10根檐柱，每根檐柱的顶部均施牛腿以承托挑檐檩：上堂牛腿雕羊，下堂牛腿雕狮子，厢房牛腿雕简单的卷草龙。

主院周围的附属建筑，东侧和北侧原先分别是郑家的厨房和猪圈，现已改为水泥建筑。西侧和西南侧的附属建筑保存比较完整，原先分别是仓库及长工住房。

郑百万是大约生活在清朝中叶的一位大财主。四方田东侧几座高质量的住宅，都是郑百万的家产。徐忠富说，这几座住宅的墙基都是用长度2～3米的条石垒砌的，所以只要沿着有条石墙基的墙走一遍，就知道郑百万家的范围了。

关于郑百万，当地人已了解甚少。现住该院内的郑梓福[3]老人（生于1935年）说，郑百万是他的高祖父，原籍外地，到峡口当官，退休后就定居在峡口。郑百万的家族在他去世后不久就衰败了，郑梓福的祖父郑忠林已经靠"做面条"为生，父亲郑鸣耀则是一名泥瓦匠。留存至今的三座住宅中，四方田1号和四方田2-12号都已是多家人混住，皆书巷9号则完全属于刘姓人。

据四方田1号院内住户徐仁忠说，1949年之前此宅已有部分房屋出租或出售，购买者之一就是他的大伯。四方田1号内的居住人口，在1975年之前的几年里达到最高峰，共有80多人，"连楼棚都住满了"。这些人中，有不少是修峡口水库的工人。（图5-42～图5-48）

---

[3] 郑梓福没有家谱，但他能说出祖上几代人的名字：曾祖父郑敬德、祖父郑忠林、父亲郑鸣耀。

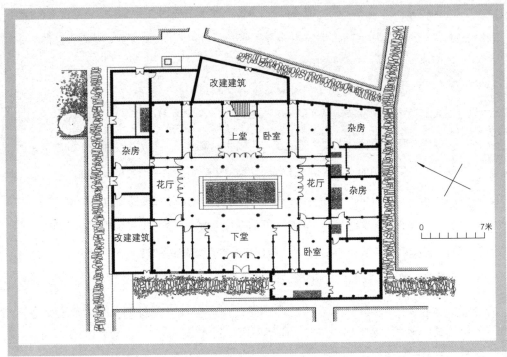

改建建筑

上堂　卧室

杂房

杂房

花厅　　花厅

杂房

改建建筑　　下堂

卧室

0　　　　　7米

（图5-42）　四方田1号住宅平面【赵雯雯　绘】

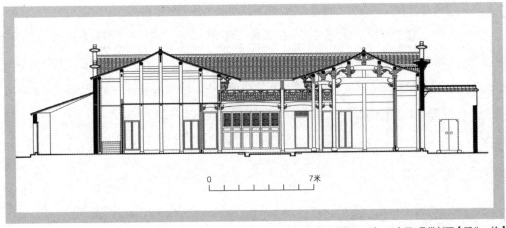

0　　　　　7米

（图5-43）　四方田1号纵剖面【邓为　绘】

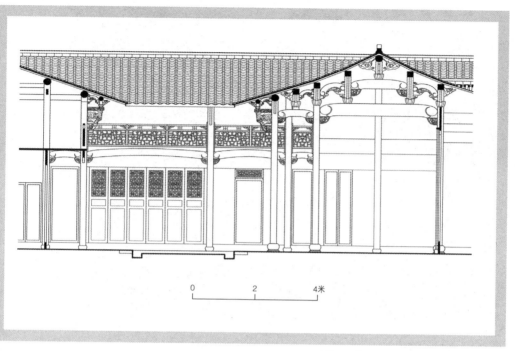

（图5-44） 四方田1号纵剖面局部【邓为 绘】

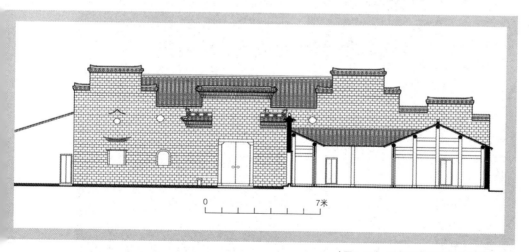

（图5-45） 四方田1号正立面【赵雯雯 绘】

（图5-46） 四方田1号住宅屋顶【邓为 摄】

（图5-47） 四方田1号住宅，从上堂看天井　　（图5-48） 四方田1号住宅的窗槅扇【赵雯雯 摄】

八·皆书巷9号刘文桂宅

　　皆书巷9号住宅位于下街西南面，坐东北朝西南，占地面积约840平方米。该建筑本是郑百万的家产。据现住户刘昌和（生于1944年）说，祖父名叫刘文桂，是清朝的武举，在严州府当过守备，退休后回到峡口，从郑姓人手中购得此宅。被刘文桂同时买下的房产，还有中街北头的10间店铺和谢家祠堂对面的住房。刘文桂生有四个儿子，刘昌和的父亲刘邦英（1908－1965）是排行最小的。刘昌和的妻子是廿八都镇大商人杨瑞球的孙女（生于1947年）。

　　整座住宅由主院、西北侧跨院、北侧马厩、东南侧厨房、东北侧后院以及西南侧过道等部分组成。主院为"半五架"的变体：天井西南面无前屋，改为面阔三间的倒座廊，进深1.4米；厢房面阔达6.6米，天井进深也达到5.2米（以檐柱计）。上堂太师壁后接一"佛堂"（相当于后堂），"佛堂"两侧各有一个小天井。"佛堂"是一个装饰考究且私密性很强的房间，其两墙上布满雕花槅扇窗和槅扇门，室内天花上还有方形藻井。"佛堂"与上堂之间，并无"腋门"相通。从主院进入佛堂，须绕行正房旁边的夹道。据户主说，"佛堂"的主要功能之一，是在主人家举办丧事时停放棺材。

　　主院前天井的前檐墙正中设造型简洁的牌坊式大门，两侧设侧门。门外是3米宽的过道，过道东南端为通往皆书巷子的院门。（图5-49～图5-56）

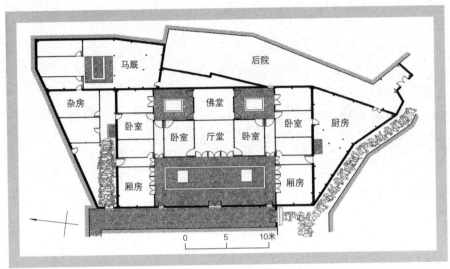

（图5-49） 皆书巷9号住宅平面【吴彤、陈金花 绘】

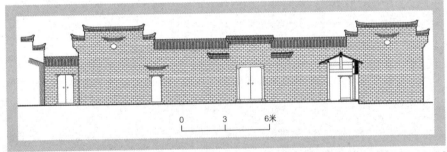

（图5-50） 皆书巷9号住宅正立面【陈金花 绘】

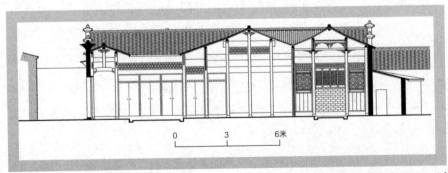

（图5-51） 皆书巷9号住宅剖面【陈金花 绘】

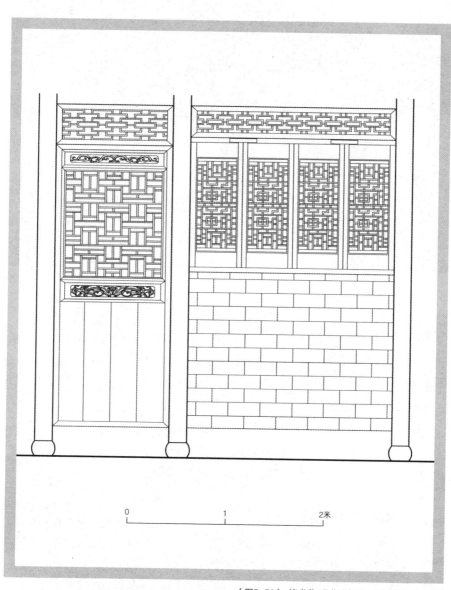

0   1   2米

（图5-52）皆书巷9号住宅槅扇大样【陈金花　绘】

（图5-53） 皆书巷9号住宅天井

（图5-54） 皆书巷9号住宅藻井

（图5-55） 皆书巷9号住宅屋顶【邓为 摄】

（图5-56） 皆书巷9号住宅窗户装饰大样

九·大蒜铺16号江立本宅

位于下街西面、关王庙的南侧。此宅坐北朝南，占地面积达840平方米，面阔5开间，有上、中、下三堂。2000年，前面两进院落毁于火灾，现只剩后院。

据现屋主之一的江立本说，建房者是他上数第九代的祖宗，名叫江有才的[①]。峡口街上的江姓有两支，上街江姓叫"上江"，下街江姓叫"下江"，各建有一座祠堂。下江的鼎盛期大约是在清嘉庆年间，当时江家有四兄弟，分别是有荣、有名、有双和有才，各在下江祠附近建造了一座大宅子。江有荣曾在嘉庆二年（1797）购买了一处"坐落土名点石弄、计税壹拾柒亩"的山场，用来做江家的坟地。

据江立本和徐忠富说，江家长房江有荣的宅子，就是今四方田4号，位于四方田之北、大蒜铺16号的东南侧。这座住宅的占地面积比大蒜铺16号大，约有1250平方米，但进深稍浅，无下堂，有中堂和上堂。

二房江有名的住宅，位于下江祠的西侧，现已改建为三层的砖楼。三房江有双的住宅，早已被毁，江家后人也指不出其具体位置了。

江立本家里还收藏有一本《礼关》，内有一篇《序言》，提到大蒜铺的一座房产："大蒜铺，坐北朝南，前堂东边平屋半座及正屋外重协，以正屋墙角齐平为界，其前后两堂之②中堂、天井、出入门路四关均合。"这座住宅也有上、中、下三堂，应该就是指大蒜铺16号了，因为大蒜铺是一条长度只60米的巷子，里面有三堂的住宅只此一家。不过，从《序言》的作者是江有荣的长子来看，这座住宅的建造者应为江有荣或江一祥，而不是江有才。

江家鼎盛时，还曾捐资修建了"东门桥"，即横跨大峦口溪而连接峡口新旧两街的木板桥。（图5-57～图5-58）

（图5-57） 大蒜铺16号窗槅扇装饰

---

① 根据江立本保留的咸丰九年版《峡溪江氏宗谱》，"有"字辈往下，依次是之、诗、日、华、国、文、章、立。
② 原文如此，疑为"及"字。

（图5-58） 大蒜铺16号住宅天井

十·中横街三弄11号周树根宅

位于下街南端的西面，正房与大门朝西南，由中间主院、西侧跨院和西北角厨房组成，占地面积约380平方米。

周树根是"周益兴"肉店的老板，原住凤林，于清末到峡口谋生。1988年《汝南周氏宗谱·序言》对这座住宅的建造过程记载甚详：

> 凤（林）、峡（口）两处家世，甚难兼顾，因而决心在峡口建造新屋，可舍凤林老屋，搬迁峡口新屋，聚族而居，曷不两全其美也。故在民国十二年（1923年）冬动土砌基，不料民国十三年军阀孙传芳攻打浙江杭州，必经吾江山县，风谣杀人放火。约在是年三月，吾家全部家属载筏逃生（于）廿七都枫岭底郑开仓家，暂避患难……四月初，兵乱结束，仍继造新屋，历尽三年（即1925年①）坎坷之苦，乃得落成。实花去白洋三千余元。

主院是标准的"合面三架"。正房高约6.6米，前屋与厢房均略低于正房。上

---

① 从1925年分家时已有这座住宅来看，当建成于1925年。

堂后金柱间设太师壁。正房前，东南侧夹道用作储物空间，西北侧夹道通往通往跨院。跨院平面为"三间两小厅"。西南侧厢廊为入口门厅，东北侧厢廊与厨房之间有门相通。

主院有质量很高的木雕装饰，尤其集中在天井四周。八根檐柱上，各伸出一根牛腿，除上堂两根雕成丹凤外，其余均为卷草龙。龙的地位本应比凤高，但在峡口，可能是因为卷草龙的使用太过普遍，所以雕成丹凤的牛腿反倒成为"稀罕物"，被堂而皇之地置于上堂檐下。厢房檐柱间原先有槅扇门，现已改作抹灰墙。厢房的骑门梁采用了月梁形式，骑门梁之上为木雕栏杆；上堂的骑门梁比较简单，但梁下两侧有雕刻华丽的雀替（尺度较大，几乎形成挂落）。正房次间靠明间檐柱安装有槅扇窗，采用灯笼罩格心，雕刻十分精致。

住宅正立面上有质量很高的砖雕装饰。主院大门为三间牌坊式，中间高近7米，次间与下堂屋檐等高，约5.3米；牌坊的三个披檐上各有雕刻精美的脊饰，檐下各设几层叠涩砖，叠涩砖下各安一排宝瓶砖雕；门洞上方设匾额，内书"厚德载福"四个大字。跨院大门上有扇形匾额，内书"水秀"两字；匾额上只有一个带脊饰的披檐。正立面上，与主院、跨院的厢房相对应，各有一面"三山式"马头墙。马头墙和牌坊式大门，一起形成了轮廓变化丰富而又充满雕刻细节的立面外观。（图5-59～图5-67）

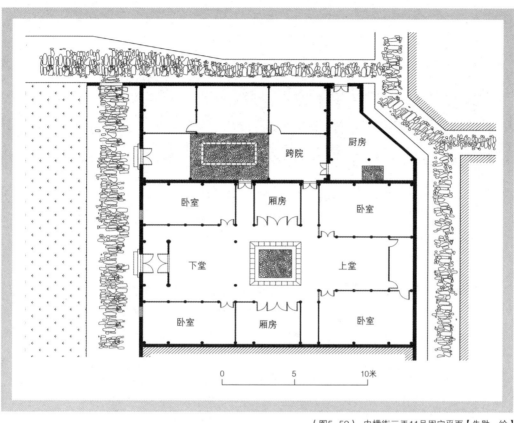

（图5-59） 中横街三弄11号周宅平面【朱勋 绘】

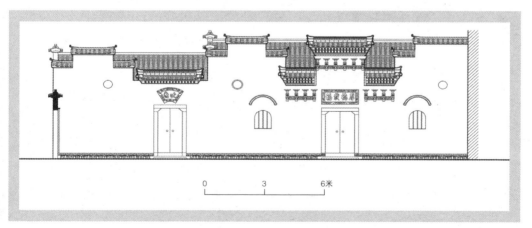

（图5-60） 中横街三弄11号周宅正立面【朱勋 绘】

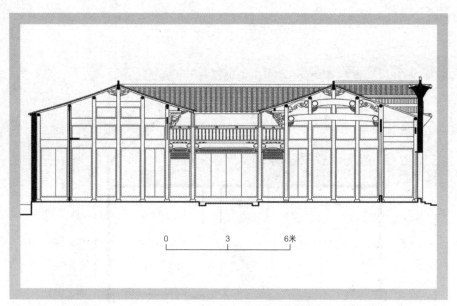

0　　　　　3　　　　　6米

（图5-61）　中横街三弄11号周宅纵剖面【朱勋　绘】

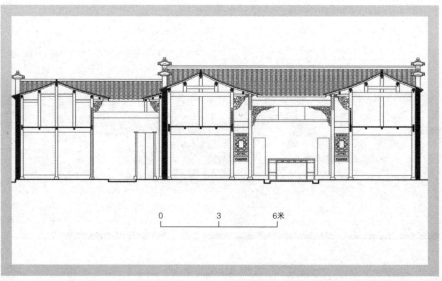

0　　　　　3　　　　　6米

（图5-62）　中横街三弄11号周宅横剖面【朱勋　绘】

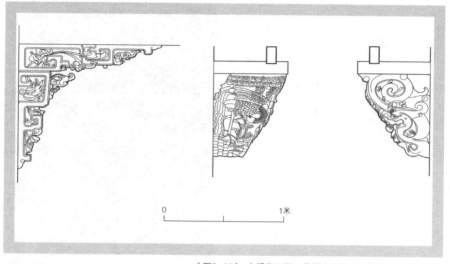

（图5-63） 中横街三弄11号周宅牛腿、雀替大样【朱勋 绘】

（图5-64） 中横街三弄11号住宅的门罩

（图5-65） 中横街三弄11号周宅槅扇大样【朱勋 绘】

（图5-66） 中横街三弄11号住宅的窗槅扇

（图5-67） 中横街三弄11号住宅的窗槅扇细部

十一·中横街三弄9号周朝柱宅

位于中横街三弄11号周树根宅的东北侧（两者只隔一条宽3米的小巷子），正房与大门也是朝西南，由主院和东北侧及东南侧厨房组成，占地面积约250平方米。

周朝柱（1888—1960）是周树根的第三个儿子。1925年，周氏父子修建了一座住宅，即今中横街三弄11号。同年，周家三兄弟抓阄分家，周朝柱未分得新宅的房间，一怒之下将旧屋拆除，用了不到一年的时间，重建了一座住宅，即今中横街三弄9号。

中横街三弄9号住宅的主体部分也是"合面三架"。为节省用地，厢房两侧只在东南厢的东北侧设了一个夹道，其余本应为夹道的空间均纳入厢房或正房次间卧室之内。主体建筑均为两层，形成"走马楼"，楼梯位于上堂太师壁后。主厨房位于主院东北侧，内有小天井。另有一个小厨房位于主院东南侧，单坡屋顶，兼做仓库。

正房次间卧室面对天井的位置安装有槅扇窗，格心为灯笼罩。天井四周，二层楼板边缘上有"步步锦"栏板，栏板上方设一层宽50厘米的挑台；挑台由檐柱上伸出的六根牛腿，其中上堂檐下两根牛腿为丹凤，其余四根牛腿为卷草龙。牛腿的分布位置、装饰内容和雕刻风格都和周树根宅的一致。

住宅的正立面装饰水平远不及周树根宅。无马头墙，也无高出下堂屋檐的牌坊式大门。门洞上方有匾额，内书"天赐纯嘏"四个大字（含义与周树根宅的"厚德载福"类似）。匾额上方有一个小披檐，檐下设几层砖叠涩。（图5-68～图5-74）

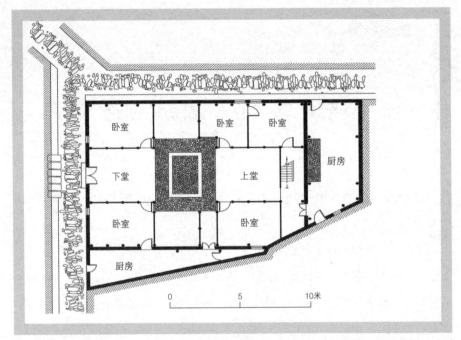

（图5-68） 中横街三弄9号平面【陈金花　绘】

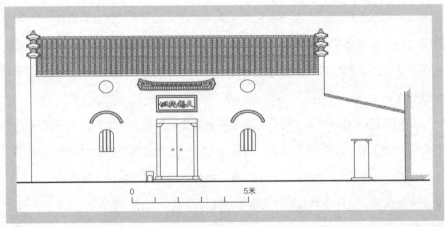

（图5-69） 中横街三弄9号正立面【陈金花　绘】

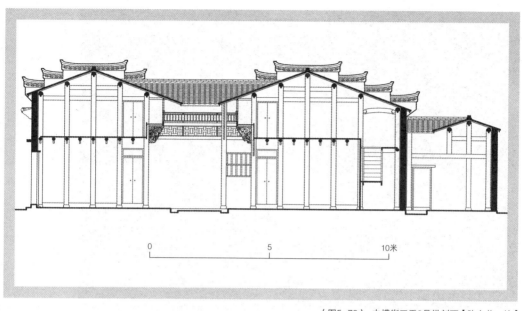

（图5-70） 中横街三弄9号纵剖面【陈金花　绘】

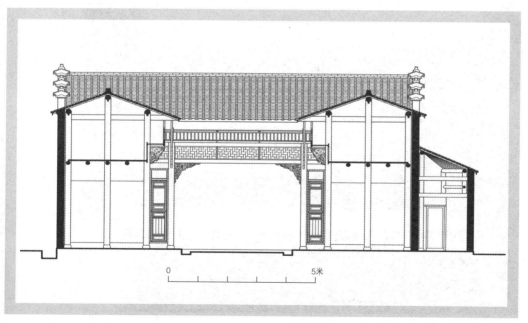

（图5-71） 中横街三弄9号横剖面【陈金花　绘】

（图5-72） 中横街三弄9号住宅上堂的神案和对联

（图5-73） 中横街三弄9号住宅天井

（图5-74） 中横街三弄9号住宅的大门

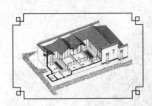

十二·刘家巷4号徐开训宅

位于刘家村内，坐北朝南，占地面积约540平方米，由主院、跨院、厨房、菜地等部分组成。主院占地面积有270平方米，为三堂两天井式，上堂屋和中堂屋次间的窗槅扇都十分精美。跨院位于主院东侧，是一个南北向较长的小天井院，两层，占地将近100平方米。厨房和菜地位于主院西侧，占地约170平方米。

据刘家巷3号居民刘洪海（生于1940年）说，这座住宅的建造者是徐兆昌酒坊的老板徐开训（1875－1944）。徐开训去世后，住宅分给了两个儿子，主院的东半边和跨院分给哥哥徐昌嗣，主院的西半边和菜地分给弟弟徐昌业（1908－1960）。徐昌嗣考上医科大学，毕业后在外地当医生，他的房子只有妻子住。徐昌业同时也继承了父亲的酒坊。

徐昌业结过两次婚，第二个妻子名叫叶金娥，出生于1929年，现住在中街东南方的大溪巷13号。据叶金娥本人说，她原是清湖人，父亲姓毛，在她四岁那年去世；因为家庭贫困，母亲不得不把她送给峡口乌石坂一户无儿无女的叶姓人家做闺女；叶爸爸的工作是"在过塘行烧饭"，收入不高，但是很爱惜女儿，从7岁开始供她上学，一直到高小毕业。这在当时是极为难得的，因为农村识字的女人本来就很少，文化程度到高小毕业的就属于凤毛麟角了。"毕业的时候，全班四五十个人，只有我一个是女的"，叶金娥说。

1942年日军火烧峡口街之后，叶家境况大不如前，"饭都快没得吃了"。1945年，35岁的徐昌业托人到叶家提亲，愿以一挑稻谷作彩礼娶17岁（虚岁）的叶金娥。徐昌业此前结过婚，妻子在几年前去世，留下一子一女，分别是八岁和十岁。叶家为了减轻家里负担，也为了让女儿能过上安定生活，便答应了这门亲事。叶金娥嫁到徐家后，生了三个儿子和一个女儿。

徐昌业请了一名长工。据叶金娥回忆，长工名叫祝建兴，比她大30岁左右，负责种田和种菜，"和主人家一桌子吃饭，住在菜园旁边的厨房里"。负责做饭和照看孩子的是叶金娥。

1950年土地改革时，徐昌业被划成地主，徐家的房产也被没收。除一部分留给徐昌业家和徐昌嗣妻子居住外，其余分配给包括饶、姜、汤、毛、朱等姓在内的7户人。徐昌业还被送去"劳改了四年"。叶金娥说，徐昌业劳改的原因，不止因为他的地主身份，还由于他是"同善社"的成员。民国时期，峡口有七八个人参加同善社，为首的是"年纪很大的孙先生"。同善社每年组织两次"龙华会"，所有成员要向达摩祖师磕头，并交纳一定的费用。

劳改结束后，徐昌业回到峡口，被安排去修水库。1960年，徐昌业死于一次工程事故。1963年，叶金娥改嫁棉棕社的工人刘在昌（1921－1995），她后来给刘家生了三个女儿（分别在36岁、39

岁和42岁）。叶金娥说，之所以选择嫁给刘在昌，一个原因是徐昌业的大儿子徐乃康不同意她带走弟弟妹妹，而她自己又不想离开儿女太远，"想经常能看见他们"。

　　叶金娥名下现在有三分田，自己不种，交给集体，集体每年会发给她一些稻谷①。她每月有210元退休金，每个月还能卖十来把"棕把"。此物是棕绳做

（图5-75）　刘家巷4号住宅外墙

---

① 　据叶金娥本人说，是每年15公斤稻谷。

的扫把，每把售价5元钱，叶金娥这门手艺是跟丈夫刘在昌学的。如果揽上从义乌小商品市场发过来的"串珠"活（即手工将塑料珠子串成串），工作一整天能挣3元钱。叶金娥的眼睛已"老花"，所以"串珠"的活对她来说很费劲。（图5-75～图5-77）

（图5-76） 刘家巷4号住宅窗槅扇

（图5-77） 78岁的叶金娥，手持自己做的"棕把"，头顶上是她的"串珠"成果

十三·周家1号周华云宅

这是一座典型的"三间两小厅"住宅，坐北朝南，位于周家村中心偏南处，其东南角宅门正对着"周家大门"。此宅为三合院，占地面积约150平方米，是峡口镇区内小而精致型传统住宅的典型代表。其正房面阔5间，厢房各面阔1间。

据屋主周华云（生于1923年），这座住宅是他的太公建造的；太公经商，在街上开有杂货铺、豆腐坊等，但大约在晚年时都卖掉了。周华云老人的父亲名叫周作斌，"人很能干，爱打抱不平，说话声音很大"。周作斌的名字在民国三十八年（1949）《江峡周氏宗谱》里出现不止一次。他是卷二《重建祠堂记》的两位撰写人之一，名列祠堂重建的主事者周建斌之后。周家大厅东南侧的学堂屋，地基原属周鸿图，"佃人"就是周作斌。

正房的西次间，是周华云的住房。西厢房是周作斌晚年的卧室，东厢房用作厨房。住宅的大门就位于厨房和天井之间，门与南院墙形成一个约30°的夹角。（图5-78）

（图5-78） 周家村1号住宅的天井

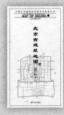